浙里红茶

俞燎远 等 著

U0349245

中国农业科学技术出版社

图书在版编目（CIP）数据

浙里红茶 / 俞燎远等著 . -- 北京：中国农业科学技术
出版社，2023.12

ISBN 978 - 7 - 5116 - 6588 - 1

Ⅰ . ①浙…　Ⅱ . ①俞…　Ⅲ . ①红茶—茶文化—浙江
Ⅳ . ① TS971.21

中国国家版本馆 CIP 数据核字（2023）第 246375 号

责任编辑　闫庆健
责任校对　贾若妍　李向荣
责任印制　姜义伟　王思文

出 版 者　中国农业科学技术出版社
　　　　　北京市中关村南大街 12 号　邮编：100081
电　　话　（010）82106632（编辑室）　（010）82109702（发行部）
　　　　　（010）82109709（读者服务部）
传　　真　（010）82106632
网　　址　https：// castp.caas.cn
经 销 者　各地新华书店
印 刷 者　北京地大彩印有限公司
开　　本　170 mm×240 mm　　1/16
印　　张　13
字　　数　300 千字
版　　次　2023 年 12 月第 1 版　2023 年 12 月第 1 次印刷
定　　价　98.00 元

《浙里红茶》
著者名单

主　　著　俞燎远

副 主 著　何卫中　袁海波　叶　阳　冯海强

参著人员　赵章风　余继忠　郑生宏　王志岚　邵静娜

　　　　　孙传成　疏再发　崔宏春　师大亮　寻　林

　　　　　王岳梁　苏　鸿　孙淑娟　叶建军　韩　震

　　　　　李腊梅　郑亚楠　柳丽萍　林　雨　郑雪良

　　　　　余玲静　刘霁虹　刘善红　黄剑虹　徐　平

　　　　　张警备　夏雪洁　任　芗　徐汝松　吴碎典

序

　　红茶是全球第一大茶类。近年来，随着社会各界对红茶文化的重新挖掘，国内红茶消费热潮悄然兴起，红茶受到众多茶品消费群体的青睐，红茶产量和销量逐年增长，产销两旺。

　　浙江红茶始产于清代同治年间的温州地区，以销往英国、法国等欧洲国家为主。中华人民共和国成立后，浙江改制工夫红茶为红碎茶量产出口，1978年最高产量达1.05万吨。20世纪80年代中期，随着名优绿茶规模化生产，红茶逐渐在浙江销声匿迹。2000年后，紧跟国内红茶消费热潮，浙江红茶重新焕发活力，成为浙江绿茶之外的主要茶类。

　　为加快红茶配套技术研究与推广步伐，浙江省农业农村厅组建了浙江省茶产业技术创新与推广服务团队红茶组，由浙江省农业技术推广中心、中国农业科学院茶叶研究所、中华全国供销合作总社杭州茶叶研究院、浙江大学、浙江工业大学等单位专家组成，联合杭州市、丽水市相关茶叶研究单位，以及红茶生产和机械制造龙头企业，在组织实施"红茶提质增效关键技术集成与示范"农业农村部重大协同攻关项目的基础上，合作编著了《浙里红茶》一书，该书涵盖了红茶的适制品种、茶园管理、加工工艺、红茶文化和综合利用等内容。该书文字精练、图文并茂，具有较强的理论性和实用性，是一部系统论述红茶发展和关键技术的著作，适合从事红茶生产、科研、教育、培训、茶艺和营销的人员阅读参考。

该著作的出版，将对推动浙江红茶产业高质量发展和红茶关键技术进步发挥重要的促进作用。

浙江省农业农村厅厅长 王通林

2023 年 10 月

目　录

第一章　浙江红茶发展历程 ··· 1

　第一节　浙江红茶起源 ·· 2

　第二节　中华人民共和国成立后浙江红茶的全面发展 ············ 8

　第三节　改革开放后的浙江红茶产业调整 ······················ 9

　第四节　新世纪浙江红茶的跨越式发展 ······················· 10

第二章　红茶适制品种 ··· 13

　第一节　适制品种要求 ··· 13

　第二节　主栽茶树品种 ··· 18

　第三节　引进茶树品种 ··· 26

第三章　红茶加工工艺 ··· 32

　第一节　萎凋 ··· 32

　第二节　揉捻 ··· 37

　第三节　发酵 ··· 41

　第四节　干燥 ··· 46

第四章　红茶加工装备 ··· 49

　第一节　加工单机设备 ··· 49

　第二节　连续化生产线 ··· 62

第五章　红茶品质与审评 ·· **75**

　　第一节　红茶品质特征 ··· 75

　　第二节　审评基本要求 ··· 76

　　第三节　审评专用器具 ··· 79

　　第四节　审评术语 ··· 81

第六章　红茶综合利用 ·· **86**

　　第一节　红茶的营养与功效 ··· 86

　　第二节　红茶在饮品上的应用 ······································· 88

　　第三节　红茶在食品上的应用 ······································· 91

　　第四节　红茶在日化产品中的应用 ··································· 93

　　第五节　红茶创新产品 ··· 96

第七章　红茶文化 ·· **102**

　　第一节　红茶冲泡与品饮 ·· 102

　　第二节　红茶茶艺 ·· 105

第八章　红茶评选与金奖产品 ······································ **109**

　　第一节　浙江红茶评比 ·· 109

　　第二节　红茶产品选介 ·· 115

附录　浙江红茶记事 ·· **178**

参考文献 ·· **199**

后记 ·· **200**

第一章
浙江红茶发展历程

　　据现有史料考证，茶最早传入浙江可追溯到汉朝，迄今已超过 2000 年。南北朝时，南朝宋人刘敬叔在《异苑》中记载嵊县人陈务妻"好饮茶茗"；其后北齐僧人智头来浙江天台山弘扬佛法，在寺院周围种茶。日本僧人最澄来浙江天台山学佛，于公元 805 年返日时，将我国的茶种子带回日本近江种植，开创了日本种茶的纪元。

　　茶被人们利用，最初是作为药用。流传最广的是"神农"说，即"神农尝百草，日遇七十二毒，得茶而解之"。从各种史料以及各地少数民族对茶的独特利用方式推断，茶的利用大致经历了从原始烧吃——煮吃——烫吃的过程，看似简单的 3 个方式，人类经历了数千年的探索。云南佤族至今流行的用一块铁板把茶叶烧熟至焦黄而食的"铁板烧茶"；拉祜族、傣族、哈尼族将经过日晒的茶鲜叶捣实在一节竹筒内，进行炙烤的"竹筒茶"，无不淋漓尽致地表现了早期人类用火时代享用茶叶的方式。随后人们发现了茶的更多药用价值。在云南滇西茶区的拉祜族、彝族，用捣碎的茶树鲜叶挤汁止血疗伤的做法，足以证明中国"茶疗方"的悠久历史。

　　茶从药物蜕变为人们生活中必不可少的嗜好品，发展成为以后的饮品，茶的药用阶段与食用阶段相交织，各个阶段之间有先后承启的关系，但无法绝对划分。除了饮用，也有把茶当作药用、食品和祭品使用的，茶的利用形式的时期划分不是绝对的。

　　《药书》《华佗食论》《茶谱》等都记载了茶的止渴、提神、消食、利尿、治喘、明目益思、消炎解毒、益寿延年等 20 多项功效。唐代大医药学家陈藏器在《本草拾遗》中称："诸药为各病之药，茶为万病之药"，几乎神化了茶的药用价值。而茶作为药用的同时，也作为食用广为发展。三国时期，张揖在其《广雅》中称饮茶为"煮茗"；西晋时，傅咸在《司隶教》中提到茶，称

"茶粥"，反映了魏晋时期将茶的鲜叶采来煮食，并加入米、油、盐、姜、葱、椒、红枣、橘皮、薄荷等作料调味。"煮茶如烹调，吃茶如吃菜"。而"温饮"茶叶的习惯也延续至今。我国许多少数民族也有类似习惯，如内蒙古的奶茶、新疆的酥油茶等。

白居易的《琵琶行》中有名句"商人重利轻别离，前月浮梁买茶去"，说明唐代时茶叶生意已相当普遍。我们所熟悉的不加佐料、直接用开水冲泡的方式，也就是"清饮"，在明代就已经出现，并逐渐受到百姓，特别是文人的喜爱，成为中国主要的饮茶方式之一。

即使作为饮品流传，茶的药用功能也没有被湮灭。中医药中取其药效而发明出来的茶疗方用途非常广泛。随着现代医学的介入，相关研究不断证实茶叶的保健功效，因其三抗（抗肿瘤、抗辐射、抗氧化）、三降（降血脂、降血压、降血糖）的保健作用，更是被西方称为"神奇的东方树叶"而风靡世界。

浙江省是中国产茶大省，历年来茶叶大量出口至非洲、欧洲、日本、中东等国家和地区，深受各国消费者的青睐。经过岁月的演变和发展，茶的栽培技术不断改进，制茶工艺日臻完善，品种品类丰富齐全，产业链条不断延长。浙江省在传统优势茶类绿茶的基础上，实现了红茶、黄茶、白茶、青茶、黑茶等六大类茶共舞的生产格局。

中华人民共和国成立后，党和政府对茶产业高度重视，出台了一系列方针政策，迅速恢复并大力发展茶叶生产。改革开放以来，为适应社会主义市场经济需要，促进浙江茶叶再上新台阶，全省广大茶区在落实茶叶产业政策，提高茶叶科技水平等方面作出了不懈努力，取得了显著成效。进入 21 世纪，浙江茶叶更是在新产品开发、新技术应用、智能化数字化茶园茶厂建设等方面走在全国前列，打造了浙江茶产业高质量发展模式。

浙江的红茶生产，从计划经济时代作为出口创汇的主打产品到市场经济调节成为完善产品结构、提高经济效益、拓展销售市场的高端产品，经历了兴起、萎缩、复兴的发展过程。

第一节　浙江红茶起源

一、中国红茶起源

红茶是中国六大茶类大家族中仅次于绿茶的第二大茶类，是世界茶叶生产消费的最大茶类。最早的红茶大约是于 16 世纪由福建武夷山茶农创制的，名为"正山小种"。明代刘基在《多能鄙事》一书中明确提到"红茶"。因其干茶和茶汤色泽以红色为主色调，鲜叶经萎凋、揉捻、发酵、干燥等工艺处理，使绿叶变红叶，并以红色为上，故名红茶。

1650 年，荷兰商人第一次将红茶带到了欧洲，随后英国的东印度公司开始了大规模的红茶贸易，因红茶的干茶色泽乌黑油润，茶汤浓厚深重，故而被英国人称为"Black Tea"。

根据加工方法和品质的差异，红茶分为工夫红茶、小种红茶、红碎茶三类。工夫红茶是中国特有的红茶，比如祁门工夫、滇红工夫等。其"工夫"两字有双重含义，一是指加工的时候较其他红茶花的工夫更多，二是冲泡的时候要用充裕的时间慢慢品味。小种红茶是最古老的红茶，同时也是其他红茶的鼻祖，其他红茶都是从小种红茶演变而来的。小种红茶分为正山小种和外山小种，均原产于武夷山地区。红碎茶是国际茶叶市场的大宗产品，这种茶适合做调味茶、冰红茶和奶茶。

二、浙江红茶起源

浙江省红茶产制始于清代同治年间，起初主要产区在温州。从红茶的历史演变过程分析，武夷山红茶发展带动了周边地区红茶产业的兴起，福安的坦洋工夫红茶便是其中发展较好的代表之一。浙江温州、丽水毗邻福建武夷山红茶主产区，受其辐射影响，红茶首先在温州、丽水兴起，随后辐射到绍兴、杭州等地，但生产规模一直较小。

浙江省是我国珠茶、眉茶等出口绿茶的主产省，年产逾 10 万吨。早期平阳、泰顺等地生产的工夫红茶，称为"温红"。1955 年平水珠茶产区绍兴、诸暨、嵊州等县，因珠茶、眉茶出口滞销而进行"绿"改"红"，后扩大到余姚、长兴、桐庐等县，称为"越红工夫红茶"。

1. 温红

1940 年《浙江农业》刊载古文亨的文章《温红改良之必要途径》，文中指出："（温红）产量最多之处为泰顺五里牌一带及平阳之南港……，制造技术较进步之处，亦当首推泰顺之五里牌一带，其他各处则甚粗放。"

泰顺彭溪是温州较早生产红茶的地区，据记载彭溪有不少姓氏从闽南迁徙过来，受闽地风俗影响，爱喝红茶。民国时，五里牌茶农主要制作两种红茶，一名土红，可能是农家晾晒揉捻而成的初制红茶；另一种是精制红茶，名唤"锡红",浙江省油茶棉丝管理处的技术员点评锡红茶"制造程序完备，发酵得当，叶质鲜嫩，已可与祁红（祁门红茶）媲美，售价亦高。"这是相当高的评价，要知道祁门红茶是中国十大名茶之一，有"红茶皇后"之誉，锡红却可以与其相提并论。只可惜当时茶农资金薄弱，设备简陋，锡红产量不多，技术员为此呼吁政府能为五里牌茶农提供制茶设备贷款。如今过去 80 多年，已经几乎无人知道曾有"锡红"这样的优质茶，据玉塔茶场职员猜测，"锡红"之名的由来，或许是五里牌一带产的茶毫红中带白，犹如一根锡丝。

尽管设备简陋，但五里牌制作红茶的技术还是受到专家肯定的。五里牌的红茶在民国时期的温州，不论是规模产量，还是技术品质，都处于领先位置。据民国时期的《浙茶通讯》报道，截至 1940 年 7 月，泰顺境内红茶加工厂在浙江省油茶棉丝管理处核准登记的有 9 家，分别是五里牌的洪元、乾泰、福源，彭坑（彭溪村）的钟万利，富垟的林源兴，雅阳官口垅的何日升，南溪的永和春，下桥的复春、春生。

2. 九曲红梅

九曲红梅是浙江省有比较完整的记录和知名度的红茶历史品牌，又称"九曲乌龙"，简称"九曲红"，是杭州市西湖区除西湖龙井外的另一大传统拳头茶叶产品。九曲红梅因其色红香清如红梅，故称九曲红梅。九曲红梅外形曲细如鱼钩，色泽乌黑多白毫，滋味浓郁，香气芬馥，汤色鲜亮，叶底红艳。

"高山云雾出好茶"。九曲红梅茶产于杭州市郊的湖埠、仁桥、大坞山一带，尤以湖埠大湖山所产品质最佳。大湖山山高 500 余 m，山顶为一盆地，沙质土壤，土地肥沃，四周山峦环抱，林木葱郁，遮蔽风雪，掩映秋阳；地临钱塘江畔，江水蒸腾，山上朝夕云雾缭绕，极宜茶树生长，故所产茶叶品质特佳。然而，由于灵山地处偏僻，旧时交通不便，九曲红梅茶犹如养在深山人不识的闺阁佳人，一直默默无闻，是一个偶然的机遇，使九曲红梅茶得以扬名神州，声播海外，这里还有一个鲜为人知的真实动人的故事。杭州灵山古称湖埠，旧有湖埠十景之说，十景之一"双狮滴潭"的水潭，俗名笠壳塘，在笠壳塘旁边的朝阳山坡地上生长着 18 棵茶树，得天独厚的自然环境，使得这 18 棵茶树生长得郁郁葱葱，显得格外茁壮茂盛。当地农民沈仁春在这 18 棵茶树上采摘了一批又小又嫩的清明头茶，经过精心的制作，加工成 2 斤左右上好的九曲红梅茶，亲自送到当时在杭州孤山举行的西湖博览会上参加评定。那披满淡黄色绒毛的红茶，条索紧密，弯曲如鱼钩，似蚕蚁的外形，引起了与会评茶专家的好奇，等到用开水一冲泡，开始时，但见杯中茶芽舒展，曲曲伸伸，像小鱼儿在水中上下浮动；继而，茶水汤色呈鲜亮红艳，且得香气馥郁扑鼻，看上去茶叶朵朵艳红，犹如水中红梅，绚丽悦目，一下子吸引了在场的众多茶人。经过与会评茶专家的一一品赏，皆称赞此茶叶甘醇爽口，品茗如同喝桂圆汤，回味无穷，其品质胜过安徽祁门红茶，因而在众多的参评红茶之中一举夺冠，荣幸地列入当时的中国十大名茶之一。

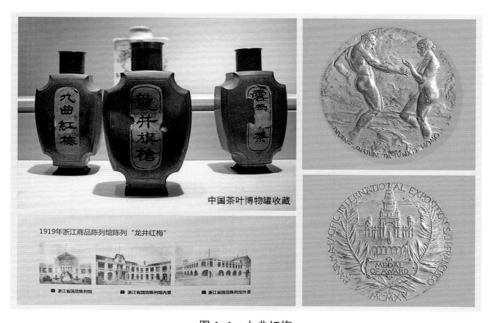

图1-1　九曲红梅

左上：中国茶叶博物馆藏品，左下：浙江商品陈列馆藏品龙井红梅

右上、右下：1915年巴拿马金质奖章

九曲红梅茶生产已有近200年历史，100多年前就已成名，早在1915年，就获得巴拿马世界博览会金奖（图1-1），但名气逊于西湖龙井茶。民国时期，长江以北的老茶号基本都经营九曲红梅茶，最北到达黑龙江，成为当时各地茶号的标配红茶。1946年9月23日《浙江商报·茶叶》和1946年9月28日《浙江日报》"杭市商情.茶叶"上春前（狮峰龙井）价格每斤24 000元，极品乌龙（九曲红梅）每斤

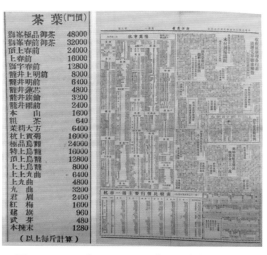

图1-2　1946年9月23日《浙江商报·茶叶》

24 000 元，也就是说狮峰龙井头茶价格和九曲红梅头茶价格一样（图 1-2）。西湖龙井一直以来价贵，由达官贵人专享，与西湖龙井同样原料生产的九曲红梅在当时也不是普通大众所能消费的。

从杭州翁隆盛、方正大、汪裕泰，北京的吴裕泰、张一元等老茶号的账册上可以发现，天津、河北、黑龙江、山东、江苏、安徽、上海等众多老茶号都经营九曲红梅（图 1-3、图 1-4）。

图 1-3　河北省张家口市"德馨王"茶叶罐上的九曲红梅印记

图 1-4　山东省烟台市福增春茶庄九曲红梅广告

1937 年日寇全面侵华，杭州沦陷。原本销售火爆的"九曲红梅"茶价暴跌，市场萎缩，茶农多以打柴度日，致使茶园荒芜，到抗战胜利尚未复苏。中华人民共和国成立前，"九曲红梅"产地已到了"人穷地瘦茶园荒，昔日葱茏成枯黄"的境地。

3. 越红

越红工夫茶，初制茶称"越毛红"。越红工夫茶条索紧细挺直，毫色银白或灰白，内质香味纯正，汤色红亮较浅，叶底红匀稍暗。

民国时，绍兴市已有少量越红工夫茶生产。1950 年 2 月，中苏签订了《友好同盟互助条约》，条约规定苏联向中国每年提供 3 亿美元的贷款，中国用茶叶为主的商品偿还，因此红茶的需求急剧上升。1950 年 3 月 25 日，时任农业部副部长的吴觉农先生主持召开了第一届茶叶公司经理会议，决定大力增产红茶。1950 年 12 月 19 日，吴觉农先生亲自到杭州举办制茶干部培训班，做《目前茶叶产销趋势和我们的任务》专题报告，和浙江省农业厅及中国茶叶总公司浙江分公司共同研究浙江省部分产区改制红茶的问题。研究后决定成立浙江省红茶推广大队，绍兴地区的平水绿茶区被列为全省第一批"绿改红"示范区。同时在安徽、江西等地聘请200多名有红茶初制加工实践经验的农民技工，将其分配到越红初制所（工场）制作红茶。原农业部农业局副局长、著名茶叶专家高麟溢先生就到当时嵊县的北山区做技术指导。1950年，绍兴年产红茶1 500t，1954年，诸暨县城南乡邱村红茶初制厂杨竞宇同志牵头研制成功红茶土烘干机（图1-5）。

图1-5　20世纪50年代诸暨烘干机的发热铁锅（摄于1954年）

1957年，绍兴红茶产量增长到5 000t，绍兴青坛红茶初制厂和诸暨市山口红茶初制厂生产的"兰花香型"红茶受到中国茶业总公司好评（图1-6）。

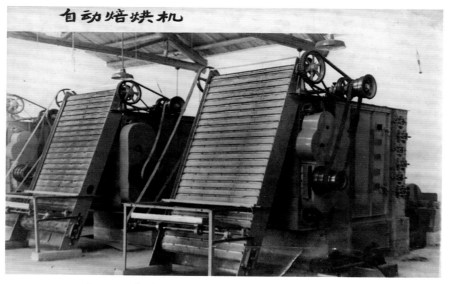

图1-6　苏联赠送给诸暨山口茶厂的大型自动烘干机
（原诸暨县林特局茶叶股珍藏照片，摄于1959年5月）

第二节　中华人民共和国成立后浙江红茶的全面发展

中华人民共和国成立后，浙江红茶生产经历了发展、萎缩、恢复发展 3 个阶段。

中华人民共和国成立初期，浙江茶园仅恢复生产 30 万亩，当年产量 0.66 万吨、产值 0.24 亿元。中华人民共和国成立后，浙江改制工夫红茶为红碎茶量产出口，1978 年，红茶最高年产量曾达 1.05 万吨。20 世纪 80 年代中期，随着名优茶规模化生产，浙江红茶逐渐销声匿迹。2007 年后国内兴起红茶消费热潮，浙江红茶重新焕发活力，成为浙江绿茶之外的主要茶类。

1950—1978 年是浙江红茶产销的发展阶段，主要靠出口拉动，红茶生产快速发展，红茶产量快速增长。红茶品种主要是工夫红茶和红碎茶。中华人民共和国成立之初，因港口被封锁，珠茶出口受阻，浙江开始大规模改制红茶，全省红茶产制得到很大发展，制茶工艺和设备都有改进和提高，主要产品为工夫红茶，按"宁红工夫"进行加工，1955 年定名为"越红工夫"。

当时，浙江红茶主要销往苏联和东欧，后来扩大到西方国家，由于国外茶叶市场不稳定，浙江茶叶生产每年都在调整，红茶需求大的时候生产红茶，绿茶需求大的时候生产绿茶，特别是绿茶滞销时红茶生产很热。

1950 年，全省收购红毛茶 1 150 吨，1951 年增至 4 000 多 t，1952—1953 年，平阳和绍兴地区大部分陆续恢复绿茶生产，1955 年红茶内外销畅销，绍兴、诸暨又改为生产红茶。1957 年，分级红茶（后称红碎茶）开始加工，当年红毛茶收购量达 3 006t。20 世纪 70 年代开始，红茶收购量大幅上升，1972 年收购 5 500t，1978 年收购量高达 10 500t。

越红工夫茶亦称"浙毛红"，是主产于浙江绍兴、诸暨、桐庐、余姚等地的条形红茶，以绍兴产量最多，质量最好。绍兴古属越国，故名越红工夫茶。以其茶外形细紧，乌润匀秀，香气清纯持久，滋味醇和甘爽，汤色红艳明亮，叶底柔软红亮而闻名。主销浙江、江苏、上海等地。

浙产红茶分内销和外销两种。1966 年以前浙江外销红茶都是工夫红茶，自 1967 年起改制越红碎茶，即利用当时全国第二套工夫红茶改制设备，改制加工碎片末茶（即轧制红茶碎）。内销红茶 1971 年起实行产品规格标准。红

注：1 亩 ≈667m^2，全书同

茶精制加工以浙毛红为原料。

精制加工流程是：原料拼和，定级付制，采用双级付制单级（主级）收回的方式，分本身、长身、圆身、轻身、拣头五路取料。具体作业分为分筛、抖筛、打筛、风扇、拣别等工序制成各级筛孔茶，然后对样拼配，匀堆装箱。其产品规格依据质量和市场需要分为：外销红茶产品规格，分叶茶、碎茶、片茶、末茶；内销红茶产品规格，分特级和 1 至 5 级。精制加工企业主要有绍兴、杭州、湖州、宁波等地茶厂。据杭州茶厂史料记载，中华人民共和国成立后杭州茶厂加工的外销红茶的产品大部分调剂给浙江茶叶进出口公司拼配出口，年出口量 300t 以上，主要销往欧洲等。

九曲红梅也一样，当地农民组织起来走合作化道路，垦荒辟新，引进新茶种，建立专业队，加强抚育管理，购置制茶机械，九曲红茶生产得到很大发展。

第三节　改革开放后的浙江红茶产业调整

因遭遇国际红茶市场疲软，销路不畅，浙江红茶经历了萎缩阶段。1979年，经浙江省人民政府批准，桐庐、浦江、诸暨三县红茶产区转产烘青，绍兴县部分地区转产平炒青。由于国际红茶市场波动较大，加上省内红茶多系小叶种鲜叶所制，红碎茶品质不高，出口量逐渐减少。改革开放后一段时期，名优绿茶畅销于市，红茶逐渐销声匿迹。

特别是 1988 年国家逐步放开茶叶专营机制后，名优绿茶如雨后春笋般快速发展。浙江省农业厅连续多年举办名优茶评比，以西湖龙井、开化龙顶、景宁惠明茶为代表的名茶品牌，带动了各地名优绿茶的生产，新名茶、仿制名茶、中高档绿茶开始快速占领市场。一向作为出口产品生产，相对粗老和粗放生产的红茶产品逐渐失去市场，转产名优绿茶已经成为当时浙江茶区的主要发展方向。不单是红茶萎缩，连浙江传统的黄芽茶、黄小茶也同样遭遇减产和转产。

温州泰顺的转产，是当时红茶转产的一个缩影。"1953 年前，温州多数茶叶生产企业也是以红茶生产为主的，1953 年后因政府引导才由红茶改为绿茶生产为主。"长期与茶叶打交道的泰顺县茶叶特产局副局长刘海兵道出了温州红茶历史渊源。

温州的泰顺、苍南、永嘉等地，历史上曾大量生产红茶，最早生产年代已无法考证，但最盛时期要数 20 世纪 50 年代初。据了解，20 世纪 50 年代

初，因为苏联人喜欢喝红茶，温州产的红茶大量出口到苏联。但由于种种原因，中国和苏联关系恶化，温州由大量生产红茶改为大量生产绿茶，茶农大多将鲜叶交给厂家，由厂家加工成绿茶，自己少量加工成红茶存放着喝。后来，响应浙江省打造中国"绿茶之都"的号召，全面制作绿茶。

九曲红梅生产也一度陷入绝境。20世纪80年代时，周浦地区生产茶园已达3 000余亩，红茶产量达100多t，但售价很低，每千克不足10元，效益一直上不去。随着市场经济的发展，西湖龙井茶声誉鹊起，效益剧增。90年代初，实施"以红改绿"的茶类结构调整，虽红茶产量减少，但茶价仍未上浮，荒芜茶园继续增加，至90年代中期，茶叶专业队解散，加工茶厂关停，九曲红梅生产茶园面积已不足1 200亩，产量也逐渐降到30余t，红茶生产面临十分严峻的形势，"九曲红梅"几近湮没。

第四节　新世纪浙江红茶的跨越式发展

进入21世纪，中国茶叶生产饱和状态出现，快速上升的名优绿茶产能已经超出了市场的接纳能力。作为传统的出口产品，在国际市场上绿茶的价格一直在低位徘徊，出口茶生产销售效益一直偏低。部分茶企减少甚至放弃了绿茶出口业务。加上西方国家贸易壁垒的限制，中国茶叶难以进入欧美市场。国内市场在资本的推动下，开始了对普洱茶、铁观音、红茶、白茶的轮番炒作，表面上短时间促进和带动了茶产业的发展。浙江省红茶产销也在此时开始了恢复发展阶段。

浙江茶园面积恢复增长、名优茶生产快速发展，到2013年茶园面积首次超过1983年的历史高峰，达到276.1万亩，当年产量16.9万t，产值114.7亿元。2023年全省茶园面积311.7万亩，茶叶产量20.2万t，茶叶产值287.1亿元。近年来，尽管浙江茶园面积、产量和产值在全国的地位呈逐年下降态势，2023年分别居第7、第7和第4位，但单位面积产出稳居全国前列。浙江采摘茶园平均亩产值9 211元，并涌现了松阳、安吉等一批亩产值超2万元的高值高效示范县。

2007年，在"金骏眉"带动下，国内红茶消费兴起，红茶生产重新焕发活力，红茶产量逐年增加。浙江省不少茶叶产区借鉴高档绿茶的发展思路，开始尝试推出高档红茶，如杭州市恢复"九曲红梅"的生产，庆元百山公司加工"百山红"，龙泉推出"龙泉红""金观音红"，绍兴市开发"会稽红"，绍兴县恢复"越红"生产等，全省所有产茶市县基本上都有企业在生产红茶，可以说凡是产茶的地方都或多或少生产了红茶，不同品质、不同风味的红茶产品遍地开花。

一、红茶产量产值快速增长

2007 年以来，浙江通过发展红茶区域品牌、成立红茶创新与推广团队、筛选红茶适制品种，研制红茶先进装备和生产线，全省红茶产量产值逐年快速增长，2022 年全省红茶产量 11 341t，比 2009 年增加了 10 141t；2022 年全省红茶产值 22.22 亿元，比 2009 年增加了 18.56 亿元，增长 507.2%（表 1-1）。

表 1-1　浙江省红茶生产情况

项目	年份								
	2012 年	2015 年	2016 年	2017 年	2018 年	2019 年	2020 年	2021 年	2022 年
产量 /t	3 044	5 886	6 693	7 203	7 995	8 600	8 952	9 999	11 341
产值 / 万元	36 600	79 518	98 781	113 662	126 470	144 196	162 284	205 883	222 239

二、红茶优势区域逐渐形成

据统计，在浙江省 75 个产茶县（市、区）中，有 69 个生产红茶，占比达 92%，生产范围非常广。但浙江红茶生产重点地域相对比较集中，2022 年红茶产量前 5 位的产茶市，累计红茶产量 9 738t，产值 16.5 亿元，分别占全省红茶产量和产值的 85.9% 和 74.3%。其中，丽水市最高，红茶产量 5 395t，产值 6.8 亿元，分别占全省红茶产量和产值的 47.6% 和 30.1%（表 1-2）。红茶产量前 10 位的产茶县（市），累计产量 8 935t，产值 14.5 亿元，分别占全省红茶产量和产值的 78.8% 和 65.3%，其中丽水市有 4 个县（市）产量居前，龙泉红茶产量达 1 731t，为全省最高（表 1-3）。

表 1-2　2022 年浙江红茶重点市生产情况

项目	地区					
	丽水市	金华市	衢州市	温州市	湖州市	累计
产量 /t	5 395	1 470	1 284	987	602	9 738
产值 / 万元	68 085	22 211	40 105	19 701	14 980	165 082

表 1-3　2022 年浙江红茶重点县生产情况

项目	地区										
	龙泉	遂昌	松阳	武义	开化	泰顺	长兴	江山	景宁	天台	累计
产量 /t	1 731	1 470	1 355	1 195	750	630	544	480	415	365	8 935
产值 /万元	31 780	13 084	11 600	14 340	36 000	7 530	10 350	3 400	5 150	11 840	145 074

三、红茶制作技艺逐年提升

按红茶分类，当前的浙江红茶绝大部分是工夫红茶，加工工艺为鲜叶萎凋 – 揉捻 – 解块 – 发酵 – 初烘 – 摊凉回潮 – 复烘 – 摊凉 – 提香。如果是加工扁形、卷曲形红茶，则在发酵后进行扁茶机压扁定型或曲毫机定型。2017 年《名优茶评选技术规范》（DB33/T 303–2017）浙江省地方标准发布，明确了浙江红茶感官审评标准。2018 年《工夫红茶加工技术规范》（DB/T 2164–2018）浙江省地方标准发布，明确了浙江红茶加工工艺。全省每年组织举办省级、市级、县级红茶加工技术研修班和培训班 50 余期，培训红茶从业人员 3 000 余人，全省红茶加工技能显著提升。2020 年组织 3 位选手参加全国红茶加工职业技能竞赛，获得了团体第一、个人第一的好成绩。2023 年组织 4 位选手参加全国茶业职业技能竞赛（红茶加工工）总决赛，获得个人第一，以及 1 金 2 银 1 铜的好成绩。

四、红茶消费市场快速增长

驱寒滋养、养胃护胃的功效，方便贮存的特性，红艳透亮的色感，追求时尚的风潮，经济效益高的现状等因素，促使近年来浙江红茶产量和销量快速增长。在中国茶叶流通协会组织的 2019 年世界红茶产品质量推选活动中，杭州九曲红梅、新昌雪里红茶获大金奖，北仑三山玉叶红茶、永康胡公红茶等获金奖，浙江红茶在全国崭露头角。中国国际茶叶博览会等茶博会展销中冲泡鉴赏多的也是红茶，浙江红茶得到了消费者充分认可。

第二章
红茶适制品种

第一节 适制品种要求

　　茶叶生化成分的含量是决定茶叶品质的物质基础，而茶树品种是影响茶叶生化成分高低的主要因素。是否适制红茶主要是由茶树品种自身的生化成分高低所决定的，生化成分影响红茶的色泽、香气、滋味等感官品质。

　　传统红茶加工工艺流程包括萎凋、揉捻、发酵、干燥4个基本工序，其中发酵是红茶加工的关键工序，也是茶树品种加工红茶时各品质化学因子的化学反应重要过程。研究表明，红茶发酵是在酶促作用下以茶树品种芽叶中内含的多种儿茶素组分氧化为主体的一系列化学变化。儿茶素等多酚类物质在多酚氧化酶（PPO）催化下，被氧化形成初级氧化产物——邻醌，随后又进行聚合反应生成联苯酚醌类中间产物。苯酚醌类物质很不稳定，可形成双黄烷醇类化合物和再氧化形成茶黄素，部分氧化物在过氧化物酶（POD）的作用下进一步氧化成茶红素物质，从而产生"红变现象"。与此同时伴随着其他化合物的化学反应，正是由于这些化学变化与作用，使绿叶变红，综合形成了红茶特有的色、香、味品质特征。

　　品种是影响茶叶生化成分和茶叶品质的主要因素之一。茶树品种的适制性是反映良种与品质关系的重要指标，也是红茶重要的生产特性。生化成分和酶活力高低共同决定了鲜叶发酵能力的强弱。世界各地茶区生态环境差异大，不同红茶适制品种的化学成分不同，PPO和POD活力不同，导致红茶内含成分（茶红素、茶黄素等）也不同，从而形成了品质差异显著的红茶产品。

一、适制红茶品种的色泽品质成分

（一）茶树鲜叶的叶色

鲜叶叶色与制茶品质关系很大，不同叶色的鲜叶，适制性不同。浅绿色鲜叶制红茶比制绿茶的品质优。紫色鲜叶制红茶品质比深绿色鲜叶的好，但不如浅绿色鲜叶制的红茶品质（图2-1）。

浅绿色叶加工的红茶：外形色泽乌褐油亮，香气纯正清高，滋味鲜甜，汤色叶底红亮。

深绿色叶加工的红茶：香味青涩，汤色泛青，叶底较暗，品质较差。

紫色叶加工的红茶：外形色泽暗，滋味稍涩，香气尚可，汤色深红。

究其原因，主要是不同叶色鲜叶的内含化学成分含量不同。一般浅绿色叶的粗蛋白质含量低，多酚类、儿茶素类、水浸出物、咖啡碱的含量高；深绿色叶与之相反，粗蛋白质含量高，多酚类、儿茶素类、水浸出物、咖啡碱的含量低；紫色叶的含量介于两者之间。多项研究证明，多酚类含量高且粗蛋白质、叶绿素含量低的，适制红茶；多酚类含量低且粗蛋白质、叶绿素含量高的，适制绿茶。

浅绿色　　　　深绿色　　　　玉白色　　　　黄色　　　　紫色

图2-1　茶树鲜叶的叶色

（二）茶树鲜叶的白毫

鲜叶背面着生的许多茸毛称为白毫，芽叶茸毛富含多酚类、咖啡碱和羟基化合物，而羟基化合物对茶叶香味的形成具有重要作用。一般对同一品种茶树鲜叶而言，白毫多少标志着鲜叶的老嫩，鲜叶越嫩，白毫越多，成茶品质也越好，尤其是红茶表现更明显。在红茶加工中，由于揉捻时茶汁黏附在白毫上面，经过发酵后，白毫显现金黄的色泽，因此，金黄色白毫的多少反映出红茶品质的高低（图2-2）。

多毫　　　　　　　　中毫　　　　　　　　少毫

图 2-2　茶树鲜叶的白毫

二、适制红茶品种的鲜叶理化成分

茶叶中的多酚类、咖啡碱、氨基酸、糖类和果胶等可溶性化合物是决定红茶"色、香、味、形"的物质基础。在茶叶生化成分中，以茶多酚、氨基酸对茶叶品质影响较大，这两种成分的含量和比值是茶树品种重要的特性，并在一定程度上决定了茶类的适制性。此外芳香物质、酶学特性、茶叶色素作为茶树品种的化学特性，对茶叶品质也有重要的影响。

（一）多酚类化合物

茶树鲜叶中多酚类的含量一般在 18% ～ 36%（干重），它们与茶叶品质的关系非常密切。其中黄烷醇类的含量占多酚类总量的 70% ～ 80%，在茶叶中的含量为 12% ～ 24%（干重），对茶叶的色、香、味品质的形成有重要作用。茶叶中多酚类物质含量较高，是茶汤滋味浓度和强度的主体成分，也是茶汤呈现涩味的主要物质。黄烷醇类、黄烷酮类、黄酮醇类、花色素类等是茶叶中主要的多酚类物质，同时具有苦味和涩味，黄烷醇类主要是儿茶素类物质。茶树鲜叶多酚类含量越高，有利于茶叶在多酚氧化酶（PPO）的作用下进行氧化发酵，发酵后茶汤越红亮。相反，鲜叶多酚类含量低，不利于发酵，红茶茶汤偏浅。

（二）氨基酸

氨基酸是茶汤鲜爽味的主体成分，其含量与红茶品质呈显著正相关。谷氨酸、天冬氨酸及茶氨酸是呈鲜味的氨基酸，其中茶氨酸含量最高，且与茶叶品质呈显著正相关，可以与丙氨酸、脯氨酸、谷氨酸和甘氨酸协同作用，

改善茶汤鲜爽度，并且对 EGCG 的苦涩味、咖啡碱的苦味有明显的削弱作用。在红茶制造过程中，在儿茶素及多酚氧化酶或过氧化物酶作用下，氨基酸可通过 Strecker 降解形成挥发性醛，形成红茶的特有香气。此外，氨基酸的浓度与呈味特性相关，如高浓度下脯氨酸呈苦味，低浓度下呈甜味。具焦糖香和鲜爽味的茶氨酸占全部氨基酸比例最高（52.68% ～ 65.68%），鲜味氨基酸占味觉氨基酸比例最高（88.16% ～ 92.74%），芳香族类氨基酸占全部氨基酸比例最少（0.03% ～ 0.04%）。红茶中丰富的氨基酸种类及较高含量的氨基酸可减弱茶汤苦涩味，是红茶滋味鲜爽甘甜的贡献因子。

（三）酚氨比

除了茶多酚、氨基酸以外，酚氨比也可以作为茶树品种适制性的生化指标。酚氨比即茶多酚与氨基酸的比值，一般认为，适制绿茶的品种要求氨基酸含量较高，而茶多酚含量相对较低，酚氨比较小；适制红茶的品种要求茶多酚含量较高，而氨基酸含量相对较低，酚氨比较大。酚氨比在 8 以上，相对含量较多的茶多酚有利于红茶发酵，从而有利于红茶滋味和汤色的形成。用酚氨比较小的茶树品种的茶叶加工成红茶，则滋味淡薄。普遍认为，酚氨比小于 8 的茶树品种适制绿茶，酚氨比在 8 ～ 15 的可红绿兼制，酚氨比大于 15 的适制红茶。

（四）咖啡碱

茶叶中的生物碱包括咖啡碱、可可碱和茶叶碱三种。咖啡碱是茶叶中含量最多的生物碱，易溶于水，阈值较低，是单纯的苦味物质。红茶茶汤中的咖啡碱不仅可以与 TFs 和 TRs 等缔合形成茶乳凝复合物，产生红茶特有的"冷后浑"现象，还能与茶汤中的绿原酸形成复合物，减弱茶汤的苦涩味，提高茶汤的鲜爽度。咖啡碱是茶树内特有的生物碱，因此也可以作为鉴别真假红茶的重要依据。其中，品质较高的红茶一般咖啡碱含量较高，咖啡碱含量大于 3%，红茶茶汤滋味更鲜醇，有利于红茶形成"冷后浑"现象。

（五）酶学特性

在茶叶生化成分中，多酚氧化酶（PPO）尤为重要，因为除绿茶类在加工过程中应避免多酚氧化酶的作用以外，其他各种茶类的加工都是基于多酚氧化酶催化的氧化作用。多酚氧化酶的作用主要是促使儿茶素类物质氧化形成茶黄素（TF）、茶红素（TR）和其他的氧化聚合物，同时伴随儿茶素的氧化，氨基酸、胡萝卜素等香气前体发生偶联氧化，产生各种各样的香气化合物，形成红茶的基本风味。茶树新梢中 PPO 活性强，多酚含量高，红茶加工中发酵良好，而 PPO 低活性鲜叶虽然多酚类丰富，但是不能产生足够的 TF 和 TR，从而影响红茶品质。

（六）茶叶香气

香气是茶叶的重要品质之一，在茶叶中芳香物质种类繁多，习惯上称为芳香油。茶叶芳香物质是由性质不同、含量微少且差异较大的众多挥发性物质组成的混合物，是决定茶叶品质的重要因子。茶叶香气的形成受多种因素的影响，不同茶类、不同产地的茶叶均具有各自独特的香气。任何一种茶类所特有的香气是其所含芳香物质的综合表现，与茶类的特定品种、栽培技术、采摘质量、加工工艺及贮藏等因素密不可分。

适制红茶品种香气成分要求醛、酮、酸等化合物含量高，香气物质总体含量虽不多，一般只占干物质质量的 0.01% ～ 0.05%，但在红茶感官评审中，香气对茶叶感官品质的贡献率却可达 25% ～ 30%。红茶属于全发酵茶，其香气主要来自发酵过程中多酚类的酶促氧化及偶联反应，形成以醛、酮、酸等化合物为主要特征成分的甜花香。红茶香气结构分类及其代表物见表 2-1 所示。

表 2-1　红茶香气结构分类及其代表物

香气结构类别	代表物质
脂肪类衍生物类	脂肪族醇、醛、酮类，代表物质是顺 -3- 己烯醇（青叶醇）、顺 -2- 己烯醛、茉莉酮甲酯、茉莉内酯、正己醛等
萜烯类衍生物类	芳樟醇、香叶醇、芳樟醇的氧化物等
芳香族衍生物类	芳香族的醇类、醛类、酯类等。如苯乙醇、苯甲醇、水杨酸甲酯等
含氮、氧、硫杂环类	吡嗪、吡啶、呋喃类及其衍生物等
其他	具有香味的氨基酸，如谷氨酸、丙氨酸和苯丙氨酸等

（七）其他物质

水浸出物是指茶叶中能被热水浸出的物质，影响茶汤滋味厚薄程度，其含量与香气、汤色呈显著正相关。蛋白质是茶鲜叶中主要的氨基化合物之一，蛋白质与儿茶素、咖啡碱的互作，是红茶出现"冷后浑"现象的重要因素。纤维素、半纤维素、淀粉、果胶物质等是茶叶中的多糖类物质，纤维素、半纤维素难溶于水，对红茶茶汤品质影响较小；淀粉对"冷后浑"现象有一定的促进作用；果胶物质具有一定的黏度及厚味感，影响红茶的

滋味品质。可溶性糖是构成茶汤甜味的物质基础，随贮藏时间的延长，红茶中可溶性糖含量呈显著下降的趋势，下降程度与干茶水分含量无显著相关性。红茶加工过程会产生并积累大量有机酸，如奎尼酸、L-抗坏血酸、柠檬酸等，这是茶汤呈酸味的物质基础，也是降低红茶品质的主要原因。此外，红茶制造过程中多酚氧化酶、过氧化物酶、脂肪氧合酶等多种酶的催化作用，以及肽酶催化蛋白质的多肽链水解形成氨基酸和多肽链、果胶酯酶水解果胶素生成果胶酸，能降低茶叶 pH 值，均对红茶品质的形成起关键作用。

第二节　主栽茶树品种

浙江茶树种质资源和茶树品种丰富，有以龙井 43 为代表的绿色茶树品种，以白叶 1 号为代表的白化茶树品种，以黄金芽为代表的黄化茶树品种。主栽茶树品种有龙井 43、龙井长叶、鸠 16、鸠坑早、鸠坑群体种、嘉茗 1 号、中茶 102、中茶 108、浙农 113、浙农 117、迎霜、翠峰、茂绿、劲峰、春雨 1 号、白叶 1 号、黄金芽、福鼎大白茶等。

一、主栽茶树品种生物学性状

浙江省现阶段用于制作红茶的茶树品种生物学性状有较大差异，如表 2-2 所示，除鸠坑群体种为有性系外，其余 17 个品种均为无性系。鸠坑早为大叶类，黄金芽为小叶类，其余 16 个品种均为中叶类。白叶 1 号和鸠坑群体种为中生种，其余 16 个品种均为特早生种或早生种。浙农 113、浙农 117、迎霜、翠峰、劲峰、福鼎大白茶为小乔木型，其余 12 个品种均为灌木型。

茶树品种的叶片大小与茶多酚含量呈正相关，叶片较大的品种，其茶多酚、儿茶素的含量较高，制作的红茶品质较好。研究结果表明，有性系的鸠坑群体种适合用于制作红茶。在无性系品种中，大叶类的鸠坑早，小乔木型的浙农 113、浙农 117、迎霜、翠峰、劲峰、福鼎大白茶适合用于制作红茶。

研究显示，芽叶黄绿色的品种适制红茶，深绿色的品种适制绿茶。芽叶茸毛富含多酚类、咖啡碱和羰基化合物，而羰基化合物对茶叶香味的形成具有重要作用。因此，芽叶茸毛多的品种制成的红茶，其品质优于无茸毛的品种。研究表明，福鼎大白茶茸毛特多，迎霜、浙农 113、翠峰、劲峰茸毛较多，更有利于红茶呈现金毫等品质特征（图 2-3）。

表 2-2 主栽茶树品种的特性和芽叶性状

序号	品种	来源	品种特性	芽叶性状
1	鸠坑早	淳安	无性系。灌木型，大叶类，早生种	芽叶肥壮，黄绿色，茸毛较少，叶色绿
2	鸠 16	淳安	无性系。灌木型，中叶类，早生种	芽叶肥壮，黄绿稍白，茸毛较少，叶色绿
3	鸠坑群体种	淳安	有性系。灌木型，中叶类，中生种	芽叶绿色，茸毛中等，叶色绿
4	嘉茗 1 号	永嘉	无性系。灌木型，中叶类，特早生种	芽叶肥壮，绿色，茸毛少，叶碧绿
5	龙井 43	中茶所	无性系。灌木型，中叶类，特早生种	芽叶短壮，绿稍黄色，茸毛少，叶深绿
6	龙井长叶	中茶所	无性系。灌木型，中叶类，早生种	芽叶淡绿色，茸毛中等，叶色绿
7	中茶 102	中茶所	无性系。灌木型，中叶类，早生种	芽叶黄绿色，茸毛中等，叶色绿
8	中茶 108	中茶所	无性系。灌木型，中叶类，早生种	芽叶黄绿色，茸毛较少，叶色绿
9	浙农 113	浙大	无性系。小乔木型，中叶类，早生种	芽叶黄绿色，茸毛多，叶色绿
10	浙农 117	浙大	无性系。小乔木型，中叶类，早生种	芽叶绿色，茸毛中等，叶色深绿
11	迎霜	杭州	无性系。小乔木型，中叶类，早生种	芽叶黄绿色，茸毛较多，叶色黄绿
12	翠峰	杭州	无性系。小乔木型，中叶类，早生种	芽叶翠绿色，茸毛多，叶色深绿
13	茂绿	杭州	无性系。灌木型，中叶类，早生种	芽叶深绿色，茸毛多，叶色深绿
14	劲峰	杭州	无性系。小乔木型，中叶类，早生种	芽叶浓绿带微紫色，茸毛多，叶深绿
15	春雨 1 号	武义	无性系。灌木型，中叶类，特早生种	芽叶肥壮、绿色，茸毛中等，叶色绿
16	白叶 1 号	安吉	无性系。灌木型，中叶类，中生种	芽叶肥壮，新梢茸毛较少，春季芽叶乳黄色，夏秋季浅黄绿色
17	黄金芽	宁波	无性系。灌木型，小叶类，早生种	芽体较小，茸毛少，叶色浅绿或黄白
18	福鼎大白茶	福建	无性系。小乔木型，中叶类，早生种	芽叶黄绿色，茸毛特多，叶色绿

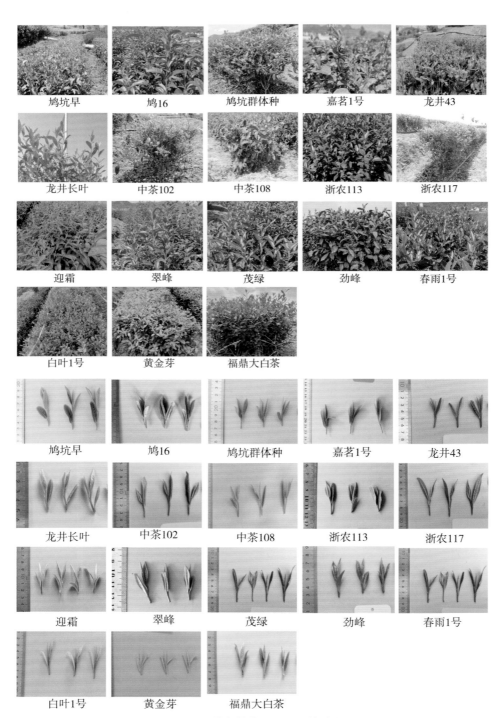

图2-3 浙江红茶主栽茶树品种及茶叶性状

二、主栽茶树品种红茶感官品质

（一）主栽茶树品种春季红茶感官品质

不同茶树品种红茶感官品质差异较大。如表 2-3 所示，18 个主栽品种春季原料加工的红茶感官审评综合得分超过平均分 92.1 的有 10 个品种，从高到低依次为鸠坑早、翠峰、春雨 1 号、迎霜、黄金芽、浙农 113、福鼎大白茶、龙井长叶、白叶 1 号、浙农 117。从外形上看，茂绿、春雨 1 号、翠峰条索细紧、身披金毫、色泽乌润，得分最高达 95 分；其次是福鼎大白茶 94 分。从香气上看，鸠坑早花香浓郁，得分最高达 95 分；其次是黄金芽、龙井 43 花香显露，得 94 分；翠峰、浙农 117、龙井长叶、福鼎大白茶、迎霜、劲峰、浙农 113、中茶 108 甜香明显，得分均超过平均分 92 分。滋味表现和香气极相似，鸠坑早滋味浓爽，得分最高达 95 分；其次是黄金芽，滋味醇爽，得 94 分。从汤色上看，迎霜、翠峰、浙农 113、春雨 1 号汤色红亮鲜活，得分最高达 94 分。从叶底上看，浙农 113、春雨 1 号、鸠坑早、龙井长叶、黄金芽叶底红艳明亮，得分最高达 94 分。

（二）主栽茶树品种夏季红茶感官品质

不同季节对于茶树品种自身内含成分影响较大，制成的红茶品质也有较大的差异，春茶和夏茶不同品种制作红茶感官品质差异显著，如表 2-4 所示，18 个品种夏季原料加工的红茶感官审评综合得分超过平均分 91.1 的有 9 个品种，从高到低依次为翠峰、鸠 16、福鼎大白茶、鸠坑早、中茶 108、浙农 117、劲峰、浙农 113、白叶 1 号。从外形上看，劲峰、翠峰得分为 94 分最高，鸠坑群体种、福鼎大白茶、黄金芽、鸠 16、鸠坑早、浙农 117，得分为 93 分；浙农 113 等得分也超过平均分 90.8 分。从香气上看，翠峰、鸠 16 花香、甜香显露，得分最高为 94 分；其次是福鼎大白茶、鸠坑早、中茶 108 甜香明显，得分为 93 分；黄金芽、浙农 117、迎霜有甜香，得分均超过平均分 91.2 分。从滋味上看，翠峰和中茶 108 滋味甜爽，得分为 94 分最高。劲峰、鸠坑群体种汤色红艳，得分为 94 分最高。鸠 16 叶底红亮，得分为 94 分最高。

表 2-3 主栽茶树品种春季红茶的感官评审结果

序号	品种	外形/25%		香气/25%		滋味/30%		汤色/10%		叶底/10%		总分
		评语	得分	评语	得分	评语	得分	评语	得分	评语	得分	
1	鸠坑早	细紧显毫、较乌、润	93	花香浓郁	95	浓爽（品种特征）	95	红亮	93	红明亮	94	94.1
2	翠峰	细紧多毫、尚乌、润	95	甜香浓（足火）	93	醇厚（高火）	92	红亮活	94	红亮	93	93.3
3	春雨1号	细秀披毫、尚乌、润	95	高醇	91	醇爽	92	红亮活	94	红艳	94	92.9
4	迎霜	细紧显毫、乌、润	93	甜醇	92	醇爽	93	红艳带金圈	94	红明	91	92.7
5	黄金芽	细紧有毫、尚乌、润	90	花香显露	94	醇厚带花味（品种）	94	红明	90	红艳	94	92.6
6	浙农113	较细紧多毫、尚乌、润	93	有甜略生	92	浓厚带花味	92	红亮活	94	红艳	94	92.5
7	福鼎大白茶	细紧披毫、褐润	94	甜香（品种特征）	92	醇爽带花味	93	橙黄	88	较红亮	92	92.4
8	龙井长叶	细紧有毫、较乌、润	91	甜香浓	93	甜爽（后味略涩）	92	红亮	93	红艳	94	92.3
9	白叶1号	较细紧显毫、尚乌、润	93	高醇有甜香	91	醇爽鲜（稍薄）	93	红亮	92	红亮	92	92.3
10	浙农117	细紧显毫、乌、润	93	甜香显	93	较醇爽（偏生带涩）	91	红艳	93	红艳	93	92.3
11	茂绿	细紧披毫、乌、润	95	高醇偏生	91	醇较爽（稍薄）	90	红明	92	红亮	93	92.0
12	劲峰	细紧较肥壮披毫、尚乌带灰	93	甜香	92	醇较爽（稍薄）	91	橙红明亮	91	红较亮	92	91.7
13	龙井43	较紧结略有扁条略有毫	88	花香（略生）	94	醇爽	92	红亮	93	红亮	92	91.6
14	鸠坑群体种	细紧多毫、尚乌、润	92	高火	90	醇厚（高火）	92	红明	91	红亮	92	91.2
15	中茶102	细紧显毫、乌、润	93	较高（透生）	89	较醇厚	90	红亮	93	红亮	91	90.9
16	中茶108	较紧多扁略有毫	86	甜香	92	甜爽	93	红明	91	红亮	93	90.8
17	鸠16	较细紧多毫、尚乌、润	91	稍有花香	90	醇厚（稍薄）	90	橙红明亮	90	红亮	92	90.5
18	嘉茗1号	尚紧略偏条、乌、尚润	87	稍有甜醇香	88	醇较爽（薄）	90	橙黄明亮	88	红明	91	88.7

表2-4　主栽茶树品种夏季红茶的感官审评结果

序号	品种	外形/25%		香气/25%		滋味/30%		汤色/10%		叶底/10%		总分
		评语	得分	评语	得分	评语	得分	评语	得分	评语	得分	
1	翠峰	细紧较壮、较亮、润	94	花香显露	94	甜爽带花味	94	红亮	93	红亮	93	93.8
2	鸠16	细秀多毫、乌、润	93	有甜香偏生	94	浓香略涩、生	93	红亮	93	红亮	94	93.2
3	福鼎大白茶	细紧有毫、尚乌、润	93	甜香透清香	93	醇和较爽（略涩）	93	红亮	93	较红亮	91	92.8
4	鸠坑早	细紧多毫、乌、润	93	甜香（品种）	93	较爽略涩、稍透涩	92	红亮	93	红亮	93	92.6
5	中茶108	细紧披毫、润	90	稍有甜香	93	甜爽（略闷）	94	橙红	91	红亮	93	92.4
6	浙农117	细秀多毫、尚乌、润	93	甜香显露	92	醇爽带甜后味略涩	92	红明	92	红亮	93	92.2
7	劲峰	细秀披毫、乌、润	94	有甜香（偏生）	90	醇较少带涩（偏生）	91	红艳	94	较红亮	91	91.8
8	浙农113	细紧有毫、乌黑、润	91	有甜香	90	醇爽	93	红较亮	91	较红、亮	91	91.4
9	白毫1号	细紧多毫、乌、润	89	尚高	91	醇爽带甜	93	红明	92	红亮	94	91.3
10	黄金芽	细紧较壮多毫、尚乌、润	93	甜香显	92	浓带涩	87	红亮	92	尚红亮	91	90.7
11	迎霜	细紧较壮多毫、尚乌、润	90	甜香	92	醇厚（透涩）	90	红亮	92	较红	89	90.6
12	春雨1号	细紧有毫、欠乌带灰	88	欠纯（渥）	91	较醇爽（稍闷）	91	橙红	90	红明	92	90.3
13	嘉茗1号	细紧多毫、欠乌带灰、尚润	87	有甜香稍透生	91	甜醇	91	红明	92	红明	92	90.2
14	龙井43	细紧显毫、欠乌、润	86	稍有甜香、偏生	90	醇爽带甜	92	橙红	90	较红亮	91	89.7
15	鸠坑群体种	尚细紧多毫、尚乌、润	93	有花香（略生）	89	浓带涩	85	红艳	94	红带青	88	89.2
16	中茶102	细紧披毫、欠乌（带灰）	89	有甜香透生	89	尚爽透生、涩	86	红亮	92	尚红	89	88.4
17	茂绿	细秀披毫、尚乌带灰	89	尚高稍闷	87	尚醇爽（偏生）	87	橙黄明亮	90	较红	89	88.0
18	龙井长叶	细紧披毫、尚乌、润	90	欠纯、闷（渥）	86	尚醇、闷、生	85	红亮	92	较红	91	87.8

三、主栽茶树品种红茶生化成分差异

水浸出物是茶叶中能溶于水的物质总称，其含量的高低关系到红茶浓度的高低，是评价红茶品质优劣的重要指标。从表 2-7 可见，劲峰、浙农 113、浙农 117、迎霜、翠峰等 5 个品种的水浸出物含量较高，为 44.0% ~ 45.8%。这与品种特性分析结果一致。茶多酚是茶汤浓度不可缺少的成分，在红茶发酵过程中其含量会因氧化而降低，但还保留一定数量未被氧化，对红茶滋味起重要作用。从表 2-7 可知，浙农 117、劲峰、浙农 113 茶多酚含量最高，达 18.2% ~ 19.5%。茶黄素是红茶汤色"亮"的主要成分，对红茶滋味强度和鲜爽度起决定作用；茶红素是红茶汤色"红"的主要成分，对红茶滋味浓度和收敛性起决定作用；茶黄素和茶红素含量高且比例协调，则红茶品质好。当茶红素／茶黄素的比值为 10 ~ 15 时，红茶品质优良。

从表 2-5 可知，福鼎大白茶、浙农 117、春雨 1 号、浙农 113、迎霜、鸠坑早等 6 个品种茶红素与茶黄素的比值为 12.5 ~ 14.7，制作红茶品质优异。可溶性糖含量含量的高低对红茶鲜爽味起决定作用，而可溶性糖含量大于等于 3.0% 的有春雨 1 号、浙农 113、茂绿、浙农 117、龙井长叶、福鼎大白茶等 6 个品种，制作红茶甜味较好。

表 2-5　主栽茶树品种红茶的生化成分检测结果　　　　　　单位：%

序号	品种	水分	水浸出物	茶多酚	游离氨基酸	茶黄素	茶红素	茶红素／茶黄素	茶褐素	咖啡碱	可溶性糖
1	鸠坑早	5.2	41.7	13.8	3.2	0.4	5	12.5	11.6	3.74	2.8
2	翠峰	5.8	44	15.8	3.8	0.4	3.4	8.5	7.4	5.28	2
3	春雨 1 号	5.4	40.6	14	4	0.4	5.3	13.3	6.6	3.79	3.5
4	迎霜	6.9	44.4	14.1	4.1	0.3	3.8	12.7	4.6	4.09	2
5	黄金芽	8	42.5	17.2	3.2	0.4	3.9	9.8	6.3	3.24	2.8
6	浙农 113	6.8	45	18.2	3.2	0.5	6.5	13.0	5.9	4.37	3.4
7	福鼎大白茶	7.4	42.5	16	3.9	0.3	4.4	14.7	4.7	3.7	3
8	龙井长叶	7	40.7	17.8	2.5	0.5	4.6	9.2	8.8	2.19	3.2

续表

序号	品种	水分	水浸出物	茶多酚	游离氨基酸	茶黄素	茶红素	茶红素/茶黄素	茶褐素	咖啡碱	可溶性糖
9	白叶1号	7.2	40.5	13.2	4.2	0.3	2.9	9.7	7.6	3.75	2.7
10	浙农117	4.9	44.9	19.5	3.4	0.3	4.2	14.0	6.4	4	3.2
11	茂绿	6.3	41.8	13.4	4.5	0.5	3	6.0	6.8	4.12	3.3
12	劲峰	6.8	45.8	18.6	4.2	0.2	3.9	19.5	6.7	4.07	2.9
13	龙井43	6.2	40.8	17.1	3.2	0.5	3.9	7.8	9.2	3.87	2.8
14	鸠坑群体种	7	40.8	13	4.1	0.4	2.9	7.3	8	3.58	2.4
15	中茶102	6.7	41.2	13	3.4	0.4	4.3	10.8	9	3.1	1.8
16	中茶108	5.8	41.4	15.2	3.7	0.3	2.4	8.0	6.9	3.56	1.7
17	鸠16	6.8	40.6	9.6	5.5	0.3	5.0	16.7	12.4	3.39	2.4
18	嘉茗1号	6.8	43.4	13.5	4.8	0.2	2	10.0	6.6	3.79	2.2

四、主栽品种适制红茶品质分析

研究结果显示，18 个茶树品种中，茶树品种理化性状和芽叶特征较适制红茶的品种有鸠坑早、浙农 113、浙农 117、迎霜、翠峰、劲峰、福鼎大白茶等 8 个品种。感官评审品质较好的茶树品种有鸠坑早、翠峰、鸠 16、春雨 1 号、迎霜、中茶 108、黄金芽、浙农 113、福鼎大白茶等 10 个品种。其中，翠峰春季外形、汤色均最好，夏季外形、香气均最好；鸠坑早春季香气、滋味、叶底均最好；春雨 1 号春季外形、汤色、叶底均最好；浙农 113 春季汤色、叶底均最好，香气次之；迎霜春季汤色最好；鸠 16 夏季香气、叶底均最好。

红茶水浸出物含量较高的有劲峰、浙农 113、浙农 117、迎霜、翠峰等 5 个品种；茶红素与茶黄素的比值为 10～15 的有福鼎大白茶、浙农 117、春雨 1 号、浙农 113、迎霜、鸠坑早等 6 个品种；可溶性糖含量较高的有春雨 1 号、浙农 113、茂绿、浙农 117、龙井长叶、福鼎大白茶等 6 个品种。

综合茶树品种性状、感官评审结果和理化检测数据分析，适制红茶的主栽茶树品种有鸠坑早、翠峰、浙农 113、浙农 117、迎霜、福鼎大白茶、春雨

1 号。当前我省种植的适制红茶的茶树品种还有春雨 2 号、池边 3 号、中黄 1
号、中黄 3 号等。

第三节 引进茶树品种

随着近年来红茶生产的快速发展，浙江从福建引进了金观音、金牡丹、
黄观音、梅占、奇兰、紫玫瑰等适制红茶的高香型茶树品种，其丰富的内含
成分为花果香型红茶品质的形成提供了良好的基础。

一、引进茶树品种的红茶品质特征

（一）外形

色泽乌黑油润，金芽若显。在红茶加工过程中，红茶外形的色泽形成首
先是发酵原因，其次是红茶的干燥过程，茶坯由湿变干，颜色由红变乌黑或
红褐。而油润的程度，则主要取决于果胶等胶性物质及加工工艺技术的应用。

（二）汤色

橙黄偏红、清澈。红茶汤色的构成为多种水溶性有色物质的综合反映，
主要色素物质是多酚类及其氧化产物茶黄素、茶红素、茶褐素，它们的含量
高低与比例，决定着红茶汤色的特征。

（三）香气

花香持久、品种香显。红茶的香气成分大部分产生于制茶过程，尤其是
发酵过程。香气成分的由来，有萎凋过程的水解产物，发酵过程的系列氧化
产物，也有干燥过程的水热反应产物等，而形成量最多的是发酵过程。引进
的福建品种加工红茶时，在酶的作用下，多酚类物质的氧化还原作用比较显
著，引起或促进大量芳香物质的产生，形成了特有的茶树品种香气。

（四）滋味

醇和、鲜爽、带有花香。茶汤的浓度，源于水溶性物质的多少，即多酚

类（主体是儿茶素类）、茶黄素、茶红素、茶褐素、双黄烷醇、氨基酸、咖啡碱、可溶性糖、水溶性果胶、有机酸、无机盐及少量的水溶性蛋白等。形成鲜爽度的最重要成分是氨基酸、未氧化儿茶素及茶黄素与咖啡碱的络合物。因此，未氧化儿茶素、茶黄素、茶红素和氨基酸等是形成红茶茶汤浓度、强度、鲜爽度的最主要物质。

二、引进品种与主栽品种的红茶品质差异

（一）感官品质差异

研究发现，与主栽品种红茶相比，引进品种金牡丹、金观音等加工的红茶在香气和滋味上有较大的优势，其香气的花果香馥郁程度和滋味的醇厚度明显优于主栽品种红茶，而主栽品种红茶以甜香为主，不易呈现花果香。引进品种既有适合加工红茶的生化基础，在香气上又具有该品种独特的组成特征。

金观音等高香品种的水浸出物、茶多酚、游离氨基酸含量等均较主栽品种红茶高，其滋味更醇厚甘爽，然而在茶汤色泽和亮度上，主栽品种红茶则更占优势，汤色更加红艳明亮。这主要是由于在汤色亮度影响因子方面，主栽品种红茶茶红素、茶黄素的含量要高于引进品种。

（二）香气物质差异

红茶香气品质按香气成分中沉香醇、香叶醇比例大小将红茶划分为三种类型，第一种芳樟醇及其氧化物占优势，第二种为芳樟醇和香叶醇含量均较高的中间型，第三种香叶醇含量占优势。

主栽茶树品种红茶其主要香气成分有反式香叶醇（34.01%），水杨酸甲酯（7.78%）、β-沉香醇（6.94%）等，属于香叶醇占优势的第三种类型，与祁红、川红属于同一类型。而金观音、金牡丹等引进品种红茶的香气成分以橙花叔醇为主，而在主栽茶树品种中占优势的香叶醇在这两个品种红茶中含量较低，金观音红茶、金牡丹红茶中橙花叔醇的含量分别为15.33%、17.79%，香叶醇的含量仅为0.15%、3.64%，而橙花叔醇在坦洋菜茶加工的红茶中含量较低，仅为1.36%。橙花叔醇属于倍半萜烯醇，具有木香、花木香和水果百合香韵，是茶叶的重要香气成分，是乌龙茶香气中最主要的特征成分。

三、引进茶树品种的特性和品质特征

（一）金观音

金观音是 1978—1999 年以铁观音为母本，黄旦为父本，采用杂交育种法育成。无性系、灌木型、中叶类、早生种、二倍体。树姿半开张，分枝较密，发芽密度大且整齐，叶色深绿，芽叶色泽紫红，茸毛少，嫩梢肥壮，叶质柔软，持嫩性较强，产量高。金观音的遗传性状趋向母本，超亲优势强，产量高，比双亲平均增产 20%～60%，扦插繁殖力、抗性与适应性强，超过双亲。开采期早，春芽萌发期一般在 3 月上中旬，一芽三叶期在 4 月上中旬。适制乌龙茶、绿茶、红茶等茶类，且制优率高。

制成工夫红茶香气高爽带花香，滋味鲜醇有回甘，独具"鲜、活、甘、甜"等优点（图 2-4）。

图 2-4　金观音茶树品种与红茶

（二）金牡丹

金牡丹是由福建农业科学院茶叶研究所以铁观音为母本，黄棪为父本，采用杂交育种法育成。2001 年被评为"九五"科技攻关一级优异种质，2003 年通过福建品种审定，2010 年通过国家鉴定，成为国家茶树良种。该品种属无性系、灌木型、中叶类、早生种、二倍体。芽叶紫绿色，嫩梢肥壮，持嫩性强，杂交优势强，扦插繁殖力强，成活率高，适应性强。

所制红茶香高韵显，属高香型茶树品种。具有花果香馥郁的典型特征，并存在香气类型的细微差别（图 2-5）。

图 2-5　金牡丹茶树品种与红茶

（三）黄观音

黄观音是福建省茶叶科学研究所选育的一种高香型茶树品种，以铁观音（父）与黄金桂（母）为亲本杂交，属于无性系、小乔木型、中叶类、早生种、二倍体。芽叶生育能力强，发芽密，持嫩性较强，抗旱性、抗病性强，茶叶产量高（图 2-6）。

黄观音红茶具有花香浓郁持久、滋味醇和甘甜的特点。

图 2-6　黄观音茶树品种与红茶

（四）紫玫瑰

紫玫瑰又名银观音，是福建省农业科学院茶叶研究所在 1978-2004 年以铁观音为母本，黄棪为父本，采用杂交育种法育成，为"九五"国家科技攻关优质资源，2005 年通过福建省农作物品种审定委会员审定。属于无性系，灌木型，中叶类，中生种，适制乌龙茶、绿茶、红茶、白茶，品质优异，制优率高。（图 2-7）。

紫玫瑰红茶花香显，味醇厚甘爽。

图 2-7　紫玫瑰茶树品种与红茶

（五）梅占

梅占属无性系品种，小乔木型，大叶类，中芽种。树姿直立，主干明显，节间甚长（通常 3 ~ 6cm，长者达 8cm）；叶长椭圆形，叶面平滑，色浓绿油光，叶肉厚而质脆，叶缘平整锯齿疏浅。开花多，结实少。芽身长尖，嫩芽翠绿，毫尚多，育芽能力强，芽梢生长迅速，易采，采摘工效高。春分前后鱼叶开展，4 月中旬达一芽三叶，开采期比福云 6 号迟 20d 左右，约在 10 月下旬停止生长，生长期 7 个月，全年生长期比福云 6 号少 40d 左右，冬季休眠时间长。扦插繁殖力强，成活率高，适应性强，高产稳产。

梅占红茶品质优良，具有外形紧结、色泽乌润、花香浓郁、滋味醇厚甘爽、汤色红亮、叶底红匀等特征（图 2-8）。

图 2-8　梅占茶树品种与红茶

第三章
红茶加工工艺

红茶是以茶树的芽叶为原料，经过萎凋、揉捻（揉切）、发酵、干燥等工艺加工而成的茶产品。红茶属于全发酵茶，素以香高、色艳、味浓驰名世界。

第一节 萎凋

萎凋是指采摘的茶鲜叶在一定的温度、湿度等条件下均匀摊放，鲜叶水分逐步散失，叶片逐渐萎缩，叶质由硬变软，叶色由鲜绿转为暗绿，同时内质发生变化的过程，为茶叶的滋味物质、芳香物质、呈色物质的形成奠定基础。萎凋是加工红茶的第一道工序。目的主要是减少鲜叶水分，降低叶细胞张力，促使叶梗由硬脆变软，并增加芽叶的韧性以便芽叶揉捻成条；伴随着水分的散失，叶细胞液逐渐浓缩，酶的活性增强，引起茶鲜叶内含成分发生一系列化学变化，为发酵创造条件，并使青草气散发。萎凋方法主要有自然萎凋与设施萎凋。

一、茶鲜叶萎凋过程中的物理变化和化学变化

茶鲜叶萎凋过程涉及物理变化和化学变化，这两种变化相互联系、相互制约。

在萎凋过程中，鲜叶发生的物理变化是水分减少，导致叶细胞失去膨胀状态，叶质变为柔软，叶面积缩小。萎凋过程中鲜叶主要是通过鲜叶背面的气孔及表皮角质层失水，通常嫩叶中约有半数以上的水分是通过角质层挥

发，而粗老叶由于角质层厚而坚实，只有少量的水分是通过角质层散发的。所以相同情况下，嫩的芽叶比老叶萎凋速度更快。一般茶厂都会通过鲜叶分级措施来解决这样的问题，掌握"嫩叶重萎凋，老叶轻萎凋"的原则。在正常气候条件下，采用人工控制的室内自然萎凋，随着茶叶表面游离水的快速散失，细胞液的浓度增加，促使原生质中的水分缓慢外渗蒸发，萎凋叶失水速度变慢，待原生质逐步失去亲水性而凝固变性，细胞生命进入临界期，原生质中的束缚水逐步释放，成为游离状，失水速度又加速，从而使鲜叶萎凋失水呈"快—慢—快"的趋势。萎凋技术就是以人工方式控制鲜叶水分的蒸发过程。

萎凋的化学变化大多是在酶的催化作用下进行的，水分是化学反应的溶剂，也是酶化学反应的必要条件，故物理萎凋是化学萎凋的基础，化学萎凋伴随物理萎凋进行。萎凋作业通过环境因子的作用，提高鲜叶中氧化酶、水解酶等酶类活性，一方面促使鲜叶中的多糖类、蛋白质、叶绿素大分子物质等发生氧化降解反应，以积累对品质有重要影响的次级代谢产物。另一方面强化揉捻、发酵等工序的酶促氧化反应，形成发酵茶特有的品质特征。萎凋过程中，水浸出物总量呈逐渐减少的趋势；多酚类总量会随着萎凋程度的加深而逐渐下降，与之相关的多酚类氧化产物含量呈现上升趋势；在酶类的作用下，蛋白质逐步分解成氨基酸，原果胶分解为水溶性果胶和果胶酸，淀粉分解为葡萄糖，双糖转化为单糖，咖啡碱由束缚态转化为游离态；蛋白质的变化和分解加速了叶绿素的降解；低沸点呈现青草气的挥发性组分散失，高沸点表现为花果香的香气组分含量增加。

二、萎凋方法

1. 自然萎凋

（1）日光萎凋。是指将鲜叶直接晾晒在日光下，依靠日光热力，促使鲜叶萎凋，散失水分。在晴朗的天气，选择地面平坦、避风向阳、清洁干燥的地方铺上晒簟，鲜叶均匀摊放在晒簟上，摊放量约为 $0.5kg/m^2$，以叶片基本不重叠为度。晾晒期间翻叶一次，结合翻叶适当厚摊。日光萎凋达到一定程度时，须移入阴凉处摊放散热，并继续萎凋至适度。但烈日下的日光萎凋，易造成萎凋不均匀，不宜采用。这种方法简便，萎凋速度快，但受自然条件限制太大，萎凋程度较难掌握（图3–1）。

图 3-1　日光萎凋

　　（2）室内自然萎凋。室内自然萎凋是利用自然气候条件，在室内进行的一种萎凋方式。室内排设萎凋架，架上置萎凋帘，萎凋帘以竹片编成，鲜叶摊于萎凋帘上进行萎凋。室内要求通风良好，避免日光直射。根据空气的相对湿度和风力大小，用启闭门窗的方法加以调节，气温低或阴雨天可在室内加温，室内各点温度要求均匀一致。自然萎凋的适宜温度为 22～28℃，相对湿度 60%～80%。一般在每平方米萎凋帘上摊叶 0.5～0.75kg，萎凋期间翻叶 1～2 次，动作要轻，避免鲜叶受损红变。如果空气干燥，相对湿度低，一般 15～20h 可完成萎凋，具体参数需根据茶树品种、鲜叶成熟度和含水率等因素适当调节（图 3-2）。

　　室内自然萎凋在正常天气和良好的操作下，萎凋质量较好，但由于室内自然萎凋受天气的影响很大，如遇低温、阴雨天、气温低、湿度大，萎凋时间过长而影响萎凋质量。同时，室内萎凋操作不方便，需要大批的劳动力，生产效率低，占用厂房面积大，设备投资多，已不能适应大规模生产的需求。

图 3-2　室内自然萎凋

2. 设施萎凋

为了避免自然气候对萎凋工序的影响，加温萎凋设备在生产中被广泛应用，常见的加温萎凋设备有萎凋槽、萎凋机等，不管哪种设备，都必须有加温炉灶和鼓风机配件，并有调节温度和风量的功能。其中，萎凋槽设备应用最为普遍，其具有结构简单、操作方便、造价低、工效高、节省劳力、降低制茶成本等优点。

萎凋槽是利用叶层间隙具有透气性的特点，采用鼓风机强制热空气穿透叶层，提供叶子蒸发水分所需的热能，并及时吹散叶表面水分，造成叶片水分蒸汽压差，促进水分蒸发，达到叶子变软，青气散失的目的。萎凋槽进风口的温度控制在 25～35℃，温度先高后低，下叶前 10～15min 停止鼓热风，改为鼓自然风。若是雨水叶，应先冷风吹干叶表面水分，再进行加温萎凋。风量大小一般为 15 000～20 000m³/h，风量大小根据叶层厚薄和叶质柔软程度适当调节。鼓风 1h 后停止 10min，进行翻抖，翻抖动作要轻、缓，翻抖时要上层翻到下层，槽前翻到槽后，并抖松、摊匀，避免损伤芽叶。萎凋槽摊叶厚度宜为 10～20cm，时间宜为 8～12h（图 3-3）。

图 3-3 萎凋槽萎凋

三、萎凋工艺参数

萎凋槽的操作技术主要是要掌控好温度、风量、摊叶厚度、翻抖、萎凋时间等条件。其目的在于促使萎凋叶物理特性及化学成分实现适度转变，且整体较为一致，为后续加工提供较佳的物质基础。

1. 温湿度

温、湿度条件对萎凋作业的影响最为显著。随着环境温度的升高，环境相对

湿度的降低，茶叶水分散失速度加快，反应底物浓度上升，与酶类的接触增多，多酚类减少，茶黄素、茶红素含量增加；氨基酸与糖的作用形成红茶的香气。但环境温度过高，水分蒸发太快，细胞半透膜变形受损，多酚类与多酚氧化酶接触太强，多酚类明显减少，茶红素、茶黄素等含量明显增加，但其他物质转化不完全，水浸出物、可溶性糖、氨基酸含量较低，造成萎凋不均匀；若温度低，湿度大，叶表和空气的蒸汽压差较小，失水受阻，氧化慢，易造成叶片青绿，色泽偏暗，严重的会因萎凋时间过长而造成霉变。通常进风口的最高温度不能超过35℃，具体参数需根据茶树品种、鲜叶成熟度和含水率等因素适当调节。

2. 摊叶厚度

摊叶厚度直接影响茶叶品质。摊叶过厚，上下层水分蒸发不匀，香味差。摊叶过薄，叶子易被吹成空洞，设备利用率不高，而且萎凋不均匀，影响质量。一般摊叶厚度要遵循"嫩叶薄摊、老叶厚摊"的原则，具体摊叶厚度应视鼓风机的型号和季节不同而异。如用3号轴流式鼓风机，在低温、多雨季节，摊叶厚度一般不超过12cm；在干旱、北风天时可稍厚。为了通风，一般摊叶厚度不宜超过20cm。如用9号低压大风量鼓风机，摊叶可稍厚，但也不宜超过30cm。摊放时，叶子要抖散、摊平呈蓬松态，保持厚薄一致，保持通风均匀，以槽面叶子微微颤动，不出现空洞为宜。

3. 通风及风量

通风可以促进萎凋过程中萎凋叶水分的蒸发，防止CO_2等气体的积累，同时供给萎凋叶呼吸作用和其他生化反应所需要的O_2。若空气流通不足，水分蒸发速度缓慢，CO_2等气体积聚，多酚类物质氧化缓慢或反应不平衡，茶叶色泽易变杂；O_2充足时，多酚类物质酶促氧化速度较快，产生的邻醌量大，有利于形成发酵茶特有的风味。风量大小应根据叶层的厚薄和叶质柔软程度，即叶层通气性能的大小加以调节。风量以加大到不吹散叶层出现"空洞"为标准，风量大小与叶层的透气性有密切关系，叶层透气性好，风量可以大些；反之要小些。风量小，温度需要随之降低。萎凋槽在使用中遵循风量"先大后小"、温度"先高后低"的操作原则。

4. 翻抖

翻抖可使萎凋加速并达到均匀一致。一般在停止鼓风时翻抖一次，要求上下层翻透抖松，使叶层通气良好。翻抖动作要轻，以免损伤芽叶。对于雨水叶、露水叶，萎凋前期可增加翻抖次数。

5. 萎凋时间

萎凋时间的长短与鲜叶的老嫩度、含水量、温度、摊叶厚度、翻抖次数等条件有关，应根据鲜叶和工艺的具体情况灵活掌握。用萎凋槽萎凋，一般 8 ～ 12h 可达到萎凋适度。

四、萎凋程度

茶叶的萎凋程度与成品茶的品质密切相关。萎凋不足，茶叶含水率过高，揉捻时容易折断，制成的毛茶条索短碎，汤色浑浊，片末多，香低味淡，带有青涩味；萎凋过度，会造成茶叶含水率过低，叶质干硬，揉捻难以成条，制成的毛茶松泡多扁条，香味淡薄，色泽灰枯，汤色叶底偏暗。一般萎凋至茶叶含水率 60% ～ 64%，叶面失去光泽、叶色暗绿、叶形皱缩、叶质柔软，折梗不断，紧握成团、松手可缓慢松散、青草气减退、透发清香为适度。季节不同，萎凋程度掌握略有不同。春季鲜叶含水率高，萎凋叶含水率掌握适当偏低，以 58% ～ 62% 为宜；夏季鲜叶含水率低，萎凋叶含水率掌握适当偏高，以 62% ～ 63% 为宜。

第二节　揉　捻

揉捻是红茶塑造外形和形成内质的重要工序。其主要目的是通过外力作用使叶片迅速卷紧形成茶条，缩小茶叶体积，破损叶细胞组织，使茶汁溢出附着于叶片表面，促进各种内含物质发生化学反应，最重要的是使多酚类化合物与多酚氧化酶和氧气充分接触，为下一步的发酵形成红茶独特的品质奠定物质基础。

一、揉捻过程中的理化变化

鲜叶经过萎凋后含水量降至 60% 左右时进行揉捻。因此时叶片具备较好的柔软性、韧性和可塑性，叶片能够承受外力作用变形而不折断，且形变后不易恢复成原来的形状。在持续的外力作用下，揉捻叶保持一个相对匀速的平面圆周运动，叶片的物理、化学性质也发生一定的转变。一方面，叶团内部叶子受到挤压使其沿叶片各自主脉搓揉成紧结浑圆的条索状，叶片体积变小，叶细胞组织破碎率增加，茶汁溢出使叶片黏性和可塑性增加，促进叶片

卷紧成条；另一方面，叶片内的叶绿素脱镁反应加快，多酚类物质在多酚氧化酶的作用下发生氧化褐变，使茶条色泽变暗、变黄甚至变红，随着揉捻进行，儿茶素、茶黄素、茶红素、茶褐素、氨基酸、可溶性糖、有机酸等物质含量皆发生较大变化，同时糖苷类物质进一步水解，释放出香气前体物质，为后续红茶色、香、味的品质形成奠定物质基础。

二、揉捻方法

1. 手工揉捻

传统红茶揉捻主要以手工的方式进行。手工揉捻是将萎凋叶放置在揉笠中，用单手或者双手，将一把茶叶握在手心，轻按在揉笠上，在揉捻篾片上向前方推揉，使茶团在手心中翻转，再顺一个方向让茶团转回，再推揉出去，如此反复。揉捻时以空气相对湿度为85%～95%、室内温度保持在20～24℃、避免日光直射为宜。揉捻原则为"轻-重-轻"，揉捻时要边揉边解块，具体时间根据茶叶的成形状态来决定。揉捻的时间不宜过长，以免茶叶闷黄，影响茶汤的滋味与香气。揉捻的程度以细胞破碎率80%～85%，

叶片80%以上呈紧卷条索，茶汁充分外溢，黏附于茶条表面，用手紧握，茶汁溢出而不成水滴为适度。手工揉捻的优点是灵活、茶条断碎率低，做茶人能够根据茶叶形态变化及时调整压力和速度，尽可能保证茶条的完整性；缺点是工艺重复性、连续性差，加工效率低，劳动力成本高，受人为因素和卫生条件影响，茶叶品质均一性和稳定性难以保障（图3-4）。

图3-4　手工揉捻

2. 机械揉捻

目前我国红茶加工已经实现机械化，机械揉捻已成为主要的揉捻方式。目前红茶机械揉捻设备以盘式结构为主，按照桶径大小分为大型、中型、小型揉捻机。机械揉捻过程中，茶叶在桶壁的推力、桶盖的压力以及揉捻盘表面棱骨的摩擦力的共同作用下不断翻滚、扭卷成团，收紧条索。机械揉捻可

以实现均衡且有规律地加减压，使条索更为细紧，叶片细胞破碎更充分，有助于后续发酵工序进行。机械揉捻相较手工揉捻不仅能大大提高作业效率，更能有效地提高红茶的品质，同时增加品质的稳定性。揉捻叶的品质由揉捻机工作环境条件和揉捻技术参数共同决定。揉捻环境条件指揉捻室的温、湿度，一般要求低温、高湿，室温保持在 20 ~ 24℃，相对湿度 85% ~ 90% 较为理想。揉捻技术主要包括投叶量、压力、转速和时间等参数。投叶量以自然装满揉筒为宜，揉捻压力通过桶盖下放高度来调节，一般掌握"轻 – 重 – 轻"原则交替进行。不同鲜叶原料采用不同的加压方式和时间，嫩叶轻压短揉，老叶重压长揉，最终揉捻至细胞破碎率达 80% ~ 85%，叶片 80% 以上呈紧卷条索，茶汁充分外溢，黏附于茶条表面，用手紧握，茶汁溢出而不成水滴为度（图 3–5）。

图 3–5　机械揉捻

三、揉捻工艺参数

1. 揉捻压力

压力轻重是影响揉捻的主要因素之一。揉捻加压要掌握"轻 – 重 – 轻"的原则，即先空揉理条，然后轻压，后逐渐中压、重压，最后再轻压。压力轻重和加压时间应视叶质和萎凋程度不同而加以调节。通常采取嫩叶轻压早压，老叶重压晚压；叶片轻萎凋轻压，重萎凋重压；春茶轻压，夏秋茶稍重压。加压过早、过重会造成碎茶过多，加压过晚过轻会使揉捻不完全，降低细胞破碎率和揉捻叶成条率。

2. 揉捻温度和湿度

揉捻环境要求低温、高湿，室温在 20 ～ 24℃，相对湿度在 85% ～ 90% 时揉捻叶的多酚氧化酶、过氧化物酶活性较高，可以显著提高成品红茶的茶黄素含量，同时也有利于提升红茶的香气。在夏秋季节，高温、低湿的情况下，需要采用洒水、喷雾、挂窗帘等措施，以便降低室温、提高湿度，防止揉捻、筛分过程中失水过多。同时，揉捻室要保持清洁卫生，每天揉捻、筛分之后，必须用清水洗刷机器和地面，防止宿留叶、茶汁等发生酸馊、霉变现象，影响茶叶卫生质量。

3. 投叶量

投叶量应根据揉捻机桶径大小和叶质情况而定，投叶量过多或过少都会造成翻叶不匀，影响揉捻质量。红茶揉捻投叶量一般在揉桶的 3/5 ～ 4/5 为宜，投叶量过少，会造成茶叶难以揉捻成条；投叶量过多，会造成茶叶在桶内翻滚困难，难以揉捻均匀，易形成扁条，产生碎茶，而且也会造成茶叶温度过高，降低成茶品质。

4. 揉捻时间

揉捻时间的长短，受揉捻机性能、投叶量多少、叶质老嫩、萎凋质量、气温高低影响，在保证揉捻质量的前提下应灵活掌握。揉捻时间过长会导致茶汁外溢过多，茶条粘连断碎，减少水浸出物含量；揉捻时间过短则细胞破碎率和成条率低。一般来说，大型揉捻机一般揉捻 90min，嫩叶分三次揉，每次 30min；中级叶分两次揉，每次 45min；较老叶可延长揉捻时间，分三次揉，每次 45min。中小型揉捻机一般揉 60 ～ 70min，分两次揉，每次 30 ～ 35min，粗老叶可适当延长。

四、揉捻程度

揉捻充分是发酵良好的必要条件。如揉捻不足，细胞组织损伤不充分，将使发酵不良，茶汤滋味淡薄有青气，叶底花青。检查揉捻程度，以细胞破损率达到 80% ～ 85%，叶片 80% 以上呈紧卷条索状态，茶汁充分外溢，黏附于茶条表面，用手紧握，茶汁溢出而不成水滴为度。

第三节　发　酵

红茶属于全发酵茶，发酵是决定红茶品质的关键工序。红茶发酵的实质是茶鲜叶经过揉捻，组织和细胞被破坏，释放出的黄烷醇类、黄酮类、酚酸类和花色苷类等多酚类物质，与多酚氧化酶、过氧化物酶、β–糖苷酶等内生酶接触，发生一系列的氧化、聚合反应，生成茶黄素、茶红素等化合物；同时偶联其他物质，如氨基酸、多糖、脂肪酸等，在多种酶的催化和水解作用下发生一系列的化学反应，生成多种多样的氧化产物。发酵过程中的酶促反应，使茶叶产生特殊的色泽、香气、汤色和滋味，促使红茶形成"红汤、红叶"的品质特征。发酵的目的在于提供适宜的温度、湿度、氧气和摊叶厚度等条件，以提高酶的活性，利于茶叶酶促反应的进行，从而促使红茶优良品质的形成。

一、发酵过程中的物理变化和化学变化

1. 物理变化

随着发酵程度的加深，触觉上，发酵叶的黏稠度增加，叶质逐渐变得柔软；视觉上，发酵叶颜色开始由青绿、黄绿转变为黄红、红黄、红铜色、暗红等；嗅觉上，气味开始由青草气转变为青气、花香、果香、熟香、酸味等。此外，随着发酵时间的延长，由于有机酸含量增加，发酵叶的 pH 值呈现逐步降低的趋势。

2. 化学变化

（1）酶的变化。发酵过程中比较活跃的酶有多酚氧化酶、过氧化物酶、β–糖苷酶、脂肪氧合酶等。多酚氧化酶和过氧化物酶主要催化多酚类物质的氧化和聚合反应，多酚氧化酶能够氧化多酚类物质生成聚酯型儿茶素、茶黄素、茶红素、茶褐素等物质。过氧化氢酶不能利用空气中的氧，只能在 H_2O_2 存在的条件下催化多酚化合物的氧化，在发酵过程中参与茶红素、茶褐素的形成和黄酮醇（苷）类物质的氧化。多酚氧化酶的最适 pH 值为 $5.0 \sim 5.7$，过氧化物酶的最适 pH 值为 $4.1 \sim 5.0$。发酵开始时，多酚氧化酶较为活跃，随着发酵时间的延长，由于酚酸、有机酸等酸性物质的积累，降

低了 pH 值，同时由于多酚类物质的减少，抑制了多酚氧化酶的活性，而适合更低 pH 值的过氧化物酶开始占主导地位，进一步催化多酚类氧化产物的形成和积累。β-糖苷酶在发酵中的作用主要是催化糖苷类香气前体物质释放出大量的挥发性香气物质，同时也能够催化黄酮醇（苷）物质的水解，释放出相应的糖苷和苷源等。脂肪氧合酶在发酵过程中催化亚油酸、亚麻酸等不饱和脂肪酸的氧化降解，生成醛、醇、酮等挥发性香气物质。总体上，随着发酵的进行，各种酶的活性处于逐渐下降的趋势，且活性水平和下降速率受到发酵温度、湿度、氧气、pH 值等发酵条件的影响。

（2）多酚类物质的变化。茶叶中的多酚类物质包括黄烷醇、黄酮醇（苷）、酚酸和花色苷类等。在红茶发酵过程中，多酚类物质总体上呈下降的趋势。儿茶素属于黄烷醇类，是茶叶中多酚类物质的主体。在红茶发酵过程中，儿茶素首先在多酚氧化酶的作用下氧化成醌，醌又氧化成聚酯型儿茶素和茶黄素，茶黄素进一步在多酚氧化酶和过氧化物酶作用下氧化聚合成茶红素、茶黄素等。茶红素、茶黄素呈先增长后下降的趋势，茶褐素呈持续增长趋势。黄酮醇（苷）类物质在多酚氧化酶、过氧化物酶、β-糖苷酶、氧气和湿热的作用下发生氧化和水解等反应，脱去糖苷配基，变成黄酮和黄酮醇类苷源。茶叶中的酚酸类物质包括茶没食子酸、咖啡酸、绿原酸等，在发酵过程中酶的作用下生成酚类物质等氧化产物。花色苷类物质包含花青素和花白素，化学性质比较活泼，在红茶发酵过程中氧化为多种有色氧化产物。

（3）芳香类物质的变化。红茶中的大部分芳香类物质是在红茶的发酵过程中形成的。在发酵过程中，多酚类物质的酶促氧化，偶联氨基酸、脂肪酸、胡萝卜素和糖苷类物质的降解，反应生成的醇、醛、酮、酸、酯等化合物，是红茶中挥发性芳香类物质的基础成分。

（4）糖类物质的变化。纤维素和半纤维素化学性质比较稳定，在红茶发酵过程中变化不大。淀粉在红茶发酵过程中在淀粉酶的催化作用下逐渐水解为可溶性糖。果胶类物质在果胶酶的催化作用下水解为果胶素、果胶酸。双糖在酶的作用下水解为单糖。因此，在红茶发酵过程中，多糖和双糖呈减少的趋势，而单糖呈增长的趋势。

（5）含氮化合物的变化。茶叶中的含氮化合物主要有蛋白质、氨基酸、叶绿素等。在红茶发酵过程中，蛋白质被分解为游离氨基酸，包括酸味氨基酸、苦味氨基酸和鲜味氨基酸，对红茶滋味的形成产生重要的影响。部分游离氨基酸在发酵过程中衍变为挥发性香气物质，因此，氨基酸在红茶发酵过程中呈先增长后下降的趋势。叶绿素是茶叶鲜叶中的主要色素，随着红茶发酵程度的加深，由于叶绿素酶、酸性条件和加热等影响，叶绿素逐步降解。

二、发酵方法

1. 自然发酵

自然发酵是将揉捻叶摊放在发酵筐、竹篓、木桶、簸箕或特制的发酵床上，盖上潮湿纱布，然后置于自然条件下或者发酵室内进行发酵，常通过空调等传统方式来调节室温，洒水调节环境湿度，翻堆达到通气、散热的目的。自然发酵的优势在于对环境要求不高，易于进行和成本低廉。但这种发酵方式劳动强度较大、耗费时间、发酵效率低、不易控制发酵质量。

传统发酵条件下，应保持环境中的空气流通，保证一定含量氧的供应和二氧化碳的排放；发酵温度一般控制在 24～28℃，发酵叶叶温不宜高于32℃，发酵叶温度过高时应及时进行翻拌散热；可采用喷雾或洒水等增湿措施，使空气湿度保持在 90% 以上；摊叶厚度为 8～12cm，嫩叶薄摊，老叶厚摊，叶层厚薄要均匀，不应紧压（图 3-6）。

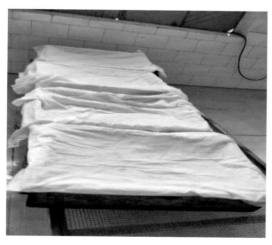

图 3-6　自然发酵

2. 设备发酵

（1）箱式发酵机。箱式发酵机由发酵箱体、多层旋转架、水浴蒸汽装置和控制系统组成。旋转架中可放置盛装发酵叶的筛盘，筛盘直径 100cm、檐高 15cm、底盘为 40～60 目筛网。水浴箱内装有冷水，通过热电阻加热，水浴箱内冷水生成热蒸汽,通过抽气风机的负压作用在发酵箱体内流动,营造适宜温度、湿度的发酵环境。箱式发酵机能够营造较稳定的发酵环境,发酵品质和生产效率得到提升。缺点在于箱式发酵机采用上下复合框架式结构,各发酵层间的温度、湿度和流通特性存在一定的差异,导致发酵不均。发酵机发酵的环境温度应调节为 24 ~ 28℃,叶温不宜高于 32℃,发酵环境的相对湿度大于 90%,隔 30min 通风 5min。摊叶厚度 8 ~ 12cm,嫩叶薄摊,老叶厚摊,叶层厚薄要均匀,不应紧压(图 3-7)。

图 3-7　箱式发酵机

(2)连续发酵机。连续发酵机由上料系统、百叶板发酵床、热风系统、喷雾装置和控制系统组成。连续式发酵机能够通过热风和喷雾系统调节发酵的温度和湿度,通常为 20 ~ 26℃的潮湿空气,全程可自动翻叶 2 ~ 4 次,通过调整链板转速将发酵时间控制在 20 ~ 60min。链板或网带上开设有直径为 1 ~ 3mm 的微孔以提高层间的透气性。连续发酵机能够较好控制发酵的温度、湿度,保证温度、湿度和发酵程度的均匀性,该设备发酵快,效率高,制成的红茶鲜爽度较好。但是,百叶链板输送装置在发酵过程中容易出现卡叶现象,滞留叶易产生酸味,影响下一批发酵叶的质量,且价格昂贵,目前只在少数大型茶叶企业中使用。

(3)发酵房。发酵房的基本结构为外装一个卧式密闭房(室),由铺叶输送机、百叶板或网带式链条传动发酵机、蒸汽系统、光电传感器、超声波雾化系统以及电气程序控制系统等构成。发酵房配备电气程序控制系统,能够控制发酵房内的温度和湿度,发酵叶均匀摊放于百叶板或网带上进行发酵,过程中具备自动翻叶功能,底部网带上配备光电传感器,发酵叶到达底部网带即可停止转动。发酵房发酵能够实现发酵过程中的自动翻叶,提高发酵的均匀程度和充足的氧气,提高工夫红茶的发酵品质。缺点在于发酵房内密闭和潮湿,发酵过程中释放出大量二氧化碳,不利工夫红茶品质的形成,故应在发酵房壁上安装排气扇,并定时开启,在尽量保持环境相对湿度的情况下,保证发酵叶氧气充足和排气通畅。

三、发酵工艺参数

1. 发酵温度

温度直接影响了酶促氧化反应中酶的活性，而酶的活性是影响红茶发酵的重要因素。发酵温度过低，则酶活性低，多酚类、蛋白质、氨基酸、多糖等物质转化不充分，茶黄素、茶红素、香气物质等内含物转化效率低下，且含量不足，导致红茶发酵不足，品质低下。发酵温度过高，酶活性较高，多酚类、蛋白质、氨基酸、多糖等物质转化速率加快，过多物质被转化，内含物质减少，同样导致红茶品质下降，缺乏色香味。红茶发酵较适宜的温度范围为 24 ～ 30℃，茶黄素、茶红素、香气物质等转化充分，含量较高，红茶品质较好。在红茶发酵过程中，可采用发酵室温度控制，运用新型发酵设备，结合叶片翻堆等方式以控制发酵温度。当发酵温度过低时，可适当加热，以提高发酵温度；当发酵温度过高时，可以通过调低温度、排气、疏散叶片密度等方式以降低叶温，保证发酵的顺利进行。

2. 发酵湿度

发酵湿度包括发酵叶本身的含水率和空气的相对湿度。水是红茶发酵过程中酶促氧化、糖苷水解、香气形成等化学反应的介质，也是许多化学反应的直接参与者。发酵叶中适当的含水率有利于内含物质的转化，含水率过高或过低都不利于发酵过程中的化学变化，容易造成发酵过度，或发酵不足、不匀等。同时，发酵室需要保持一定的空气相对湿度，才能够保证发酵的顺利进行。红茶发酵过程中空气相对湿度应在90%以上，在湿度较高的条件下，发酵质量较好。湿度太低，发酵叶水分蒸发较快，容易造成理化变化失调，导致发酵叶出现花青、暗条，影响茶叶品质。当发酵叶的含水量过低或空气相对湿度过低时，可通过洒水、喷雾等方法来增加湿度，以提高发酵质量。

3. 通气条件

红茶发酵过程中的酶催化反应需要大量的氧气参与，同时排放出一定量的二氧化碳，因此，发酵室内良好的通气条件是保证红茶品质的重要因素之一。首先要保证发酵室氧气含量充足，才能够促使多酚类物质等酶促反应的顺利进行，若氧气供应不足，各种底物的氧化反应不充分，容易导致茶叶滋味、香气

等转化不足，红茶品质较低。其次，要保证排气的顺畅，因为在发酵过程中产生大量的二氧化碳，若不能及时排除，会导致发酵难以正常进行。为保证发酵过程中氧气充足，发酵室需要定时打开换气装置，并安装排气扇，以保证发酵室内通气状况良好，保证氧气的充足供应及二氧化碳的顺利排出。

4. 摊叶厚度

为保证发酵叶维持一定的温度、湿度和充足的氧气，摊叶厚度要适当。可根据叶片的老嫩程度、揉捻程度、温度高低等调整摊叶厚度。一般情况下，嫩叶宜厚摊，老叶宜薄摊，通常以 8 ～ 12cm 为宜。

5. 发酵时间

红茶的发酵时间同样与叶片老嫩程度、揉捻程度和发酵温度等相关，不同处理下的发酵叶发酵时间不同，通常情况下，发酵时间为 2 ～ 5h 时，红茶品质较佳。随着发酵时间的延长，红茶中的多酚类物质、水溶性物质、香气物质、氨基酸等的含量呈递减趋势；当发酵时间过长时，红茶中的呈味物质含量降低过多，内含物减少，滋味淡薄，导致红茶品质下降。

四、发酵程度

发酵程度是把控发酵质量和茶叶品质的重要因素。在红茶发酵过程中，发酵叶的颜色由青绿、黄绿、黄红、浅红黄到红，香气由青草气、清香到花香和果香。不同种类红茶根据品种、季节、风味特点等，对发酵程度的要求不同。通常情况下，发酵程度以达到叶色变为浅红黄色、青草气消失、花果香显露时为适度，可在此时终止发酵。当青草气明显、叶色青绿或黄绿时，通常表明发酵不足；当叶色暗红或紫红，浓郁的花果香消失时，则表明发酵过度。在实际生产中，发酵程度应遵循"适度偏轻，宁轻勿重"的原则。

第四节　干　燥

干燥是红茶制作的最后一道工序，也是决定红茶品质的重要环节。干燥过程除了去除茶叶水分、便于贮藏外，还在前期的工序基础上，进一步促进红茶特有的色、香、味、形的形成。干燥的主要目的是利用高温钝化酶的活性，制止酶促氧化，散失水分，缩紧茶条，固定外形，散失低沸点的青草物质，促进高沸点的芳香物质的形成，获得红茶特有的品质特征。

一、干燥方法

红茶加工中使用的干燥方式主要有烘干机干燥和烘笼烘焙两种方式。

1. 烘干机干燥方式

红茶加工所使用的烘干机主要有箱式烘干机（图3-8）、链板式烘干机（图3-9）、手动百叶式烘干机和斗式烘干机（图3-10）等。

烘干机干燥分毛火、足火两次完成，毛火的烘干机进口风温控制在110～120℃，风量0.5m/s，摊叶厚度1～2cm，时间15～20min；足火的进口风温控制在80～90℃，摊叶厚度2～3cm，时间60～90min；毛火与足火之间摊凉1h左右；干燥程度以干茶含水量5%左右，梗折即断，手捻成末为适度。

图3-8　箱式烘干机烘干

图3-9　链板式烘干机烘干

图3-10　斗式烘干机烘干

2. 烘笼烘焙方式

烘笼烘焙是我国红茶加工最传统的干燥方式。烘笼用竹篾编制，木炭加热烘焙。引燃木炭，待充分燃烧后，用铁锹将木炭打碎压实，在木炭上盖一层草木灰，厚度以盖住炭火，不见明火为宜。将手放在木炭上方 3～5cm 处感受炭火温度，手背略有灸热感时将焙笼放于焙窟上，0.5～1.0h 后待火温稳定后将发酵叶均匀地摊放在烘笼焙芯上，烘笼置于炭火焙炉上。毛火每次投叶量 1.5～2kg，温度 110～120℃，时间 25～30min，含水率控制在 20%～25%；足火每次投叶量 2～2.5kg，温度 80～90℃，时间 50～60min，含水率以 5% 以下，茶叶手捻成末为适度（图 3-11）。

图 3-11 烘笼烘焙

二、干燥工艺参数

干燥可分为毛火和足火两个阶段。干燥过程中要掌握"分次干燥、中间摊凉"，"毛火快烘、足火慢烘"，"嫩叶薄摊、老叶厚摊"的原则。

（1）分次干燥，中间摊凉。目的在于避免外干内湿，防止产品变质。通常毛火与足火之间的摊凉时间为 30～60min，促使叶内水分重新分布均匀。

（2）毛火快烘、足火慢烘。目的是及时钝化氧化酶的活性，防止发酵过度。毛火要薄摊、高温、短时、快烘；足火采取低温慢烘。

（3）嫩叶薄摊、老叶厚摊。嫩叶摊放时，叶间空隙小，叶含水量高，吸热量大，升温较慢，若加热时间延长，对品质不利，因此，嫩叶要薄摊；老叶则反之。

第四章
红茶加工装备

改革开放以来，浙江省名优绿茶快速发展，红茶产量、产值逐年下降，红茶加工装备的研制和生产也处于停滞状态。近几年，随着茶叶多元化消费发展的需求，红茶饮用开始显著增加，促进了浙江省红茶生产的恢复性发展，红茶加工装备和生产流水线的研制也取得了突破性进展。

第一节　加工单机设备

一、萎凋设备

1.萎凋槽

萎凋槽是一种常见的萎凋设备，如图4-1、图4-2所示。主要结构由通风槽、挡风板、摊叶冲孔面板、鼓风机等组成，有的还装有加温装置。通风槽长宽高一般为6.0m×1.25m×（0.8～1.0）m，槽底坡度为2%～3%，近风机处深，呈前深后浅倾斜，较长的萎凋槽槽底还需加装约20cm高的挡风板，前低后高，以保证萎凋槽面板前后风压、风速一致。装有加温系统的，可用于红茶、乌龙茶、白茶等加工的萎凋工序。鲜叶摊放厚度一般为10～20cm，红茶加工的适度萎凋一般含水量控制在58%～63%，此时叶片柔软，摩擦叶片无响声，手握成团，松手不易弹散，嫩茎折不断，叶色由鲜绿变为暗绿，叶面失去光泽，无焦边、焦尖现象，并且有清香。萎凋时间对茶青的影响见表4-1。

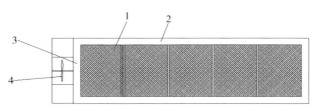

1- 槽体；2- 机架；3- 风道；4- 风机。

图 4-1　萎凋槽结构示意图

图 4-2　萎凋槽

表 4-1　萎凋时间与茶青影响参数

萎凋时间 /h	减重率 /%	含水率 /%	摊青叶状态
0	0	77.1	青草气，嫩绿，有光泽，微软
1	0.8	76.3	上层青草气，嫩绿，有光泽，中层稀少萎凋，嫩绿；下层稀少萎凋，失去光泽，嫩绿
2	1.9	75.2	略有清香，嫩绿，失去光泽，叶质微软
4	5	72.1	略有清香，嫩绿，失去光泽，叶质微软
6	7.6	69.5	清香显，深绿，无光泽，叶片萎蔫
10	12.8	64.3	清香显，叶片软，嫩茎不易折断
12	15.2	61.9	清香显，叶片柔软，茎梗折而不断

2. 萎凋房（室）

用于红茶初制加工的萎凋作业，是传统工夫红茶的鲜叶萎凋方式。在萎凋房（室）内进行萎凋，萎凋房（室）内要求通风良好，避免日光直晒，用启闭门窗方法调节室内空气流通和湿度大小。作业时要求室内温度保持在22 ～ 25℃，相对湿度为60% ～ 70%；在室内摆放多台铁架或木架，各架间隔75cm，架上铺麻布、萎凋帘或竹帘，构成红茶萎凋帘架。目前生产中应用的萎凋帘架采用木质、型钢、不锈钢管等多种材料制成框架，框架8～10层，每层相距25cm，下层离地35～50cm；每层放置可放入和取出的萎凋盘，萎凋盘以木或不锈钢作框，以不锈钢网为底，称为网框式萎凋架；萎凋时，将鲜叶均匀摊放在萎凋帘或萎凋盘中，在自然状态下完成萎凋作业（图4-3）。

图4-3 萎凋房

3. 智能萎凋机

智能萎凋机主要由保温板房、摊青架、茶叶摊青篾框、控温控湿设备、送风机构、振动机构、数字化人机界面、电脑控制单元等部件组成（图4-4）。

该鲜叶萎凋机主要特点：①可以单独／联动控制萎凋房的温度、湿度、氧气补充、新／旧空气交换；②可快速处理茶鲜叶表面游

图4-4 智能萎凋机

离水，防止游离水反渗入茶鲜叶内部，影响茶叶后续加工及品质；③可以单独控制振动机构，实现轻微摇青，提高茶鲜叶的走水动力，促进茶叶香气物质的形成；④利用风控专利技术，均匀可控的风度场、湿度场使茶鲜叶在摊放萎凋过程中鲜叶内／外、叶／梗均匀走水；确保茶鲜叶萎凋过程中梗叶失水的一致性；萎凋叶劣变率低（≤0.4%）；⑤利用低温温度场、湿度场等专利技术，实现茶鲜叶的长时间摊放保鲜，可以调整茶叶加工效率；⑥合理利用立体空间，萎凋房内采用20层筛布局；⑦数字化人机界面，操作简便。

4. 多层式连续萎凋机

如图4–5所示，多层式连续萎凋机采用专用配套输送实现布料均匀；采用多层式结构，高效利用空间；具有容量大、自动化程度高、节省人工、控制操作简单方便等优点，通过送风、供气，配置温、湿度控制系统，实现萎凋过程中茶鲜叶原料的自动上料、出料和温度、湿度控制，可实现自动化、连续化、清洁化生产。多层式连续萎凋机参数配置见表4–2。

图 4–5 多层式连续萎凋机

表 4–2 多层式连续萎凋机参数配置

参数名称	6CWD–10 摊青萎凋槽（自动）	6CWD–20L 摊青萎凋机（自动）	6CWD–100 摊青萎凋机（自动）	6CWD–160 摊青萎凋机（自动）
摊青面积 /m^2	10	20	100	160
加热方式	电热管	电热管	电炉 / 热风炉	电炉 / 热风炉
功率 /kW	12.09	33.4	32（非电加热）60（电加热）	44（非电加热）110（电加热）
总风量 /（m^3/h）	12 800	15 000	87 000	121 800
层数	1	1	5	7
最大处理量 /（kg/ 批次）	75	150	500	700
使用场景	中型生产线	大、中型生产线	大型生产线	大型生产线
尺寸 /mm	9 500×1 335×1 030	10 500×2 700×1 410	14 360×2 400×3 740	15 900×3 500×4 640

二、揉捻设备

揉捻是红茶初制的塑形工序，萎凋叶通过揉捻形成紧细弯曲的外形，并揉碎芽叶细胞为发酵工序的酶促氧化作用提供有利条件。揉捻还可以卷紧茶条，缩小体积，为烘干或炒干成条打好基础。

红茶揉捻技术主要采用人工揉捻、单机揉捻、自动揉捻机组三种操作方式。自动揉捻机组具有自动化程度高、计量精确、操作简单、性能稳定、节省人力等优点。揉捻机由揉盘、机架、揉桶、加压装置、传动机构等组成（图4-6），按照揉桶直径分，常见的揉捻机型号包括6CR-35、6CR-40、6CR-45、6CR-55和6CR-65型，常见揉捻机型号和参数配置见表4-3。

图4-6　揉捻机（组）

表 4-3　不同型号揉捻机参数配置表

名称	6CR-35 揉捻机	6CR-40 揉捻机	6CR-45 揉捻机	6CR-55 揉捻机	6CR-65 揉捻机
功率 /kW	0.55	1.1	1.1	2.2	2.2
最大处理量 /（kg/h）	30	35	40	50	75
使用场景	小型生产线	小型生产线	中型生产线	中大型生产线	大型生产线
尺寸 /mm	揉桶直径 350	揉桶直径 400	揉桶直径 450	揉桶直径 550	揉桶直径 650

三、解块设备

　　由于经揉捻作业加工的揉捻叶会含有部分团块，有必要将揉捻叶中的团块解散，使揉捻叶冷却和通气，常用解块装备使其解散（图 4-7）。主要结构为一置于台面上的立式解块圆桶（解块室），圆桶上端面靠一边装有进茶斗，圆桶下端面开有出茶口，圆桶内装有由传动机构带动旋转的立式解块轮。其使用方便，作业效率高，一台型号为 6CJK-50 的立式解块机，处理揉捻叶速度可达 800 ～ 1 000kg/h。常用的 6CJK-50 解块机及其参数配置表 4-4。

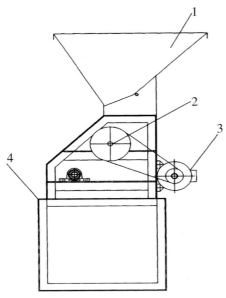

1- 进料斗；2- 解块室；3- 传动机构；4- 机架。

图 4-7　解块机示意

图 4-8　茶叶解块机

表 4-4 茶叶解块机参数

名称	6CJK-50 卧式解块机	6CJK-50 立式解块机
功率 /kW	0.75	0.75
最大处理量 / (kg/h)	800	1 000
使用场景	用于揉捻之后	用于揉捻之后
尺寸 /mm	850×610×1 520	730×500×750

四、发酵设备

红茶制作过程中，发酵是形成红茶色、香、味品质特征的关键工序。一般是将揉捻叶放在发酵筐或发酵车里，进入发酵室发酵。发酵条件满足酶促和非酶促氧化反应所需的适宜温度、湿度、氧气量等。

目前红茶发酵有竹篮式、静态房式、动态房式、动态发酵机以及可视化连续发酵机等发酵方式。

1. 发酵房和静态发酵机

红茶机械发酵工艺可采用房式发酵或单体式发酵机实现发酵效果（图4-9）。房式发酵法，即在密闭空间内部放置待发酵茶叶，通过控制发酵房间内部温、湿度，实现茶叶发酵。单体式发酵机采用托盘承载茶叶置于发酵机内旋转托盘架上，关闭后对发酵机内部实现控温、控湿，以达到茶叶发酵的做法。常见 6CFJ-10 型号的发酵机处理发酵叶的量约为 30kg/h。

A- 发酵房；B- 发酵机。

图 4-9 房式发酵设备

2. 动态发酵机

如图 4-10 所示，动态发酵机连续化程度高，温、湿度控制精度高，节省

人工。该发酵机采用连续式网带结构，实现茶叶自动进料、出料。整机设备密封，实现内部茶叶发酵控温、控湿。整机采用不锈钢材质，满足高温、高湿环境发酵过程中设备符合食品级加工要求，其参数配置如表4-5所示。

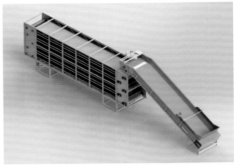

图 4-10　茶叶动态发酵机

表 4-5　发酵机参数

参数	6CHF-15 发酵机	6CHF-25 发酵机
基础功率 /kW	2.2	3.3
热耗功率 /kW	6	6
最大处理量 /（kg/h）	150kg	375kg
发酵厚度 /cm	10 ~ 20	10 ~ 20
尺寸 /mm	9 360×1 350×2 810	10 620×1 350×3 780

3. 可视化连续发酵机

该设备基于超声波雾化隧道加热原理，采用持续供温（加热）、供湿（雾化热汽）、供氧（通风），以及定时翻动（发酵叶均匀一致）控制，满足了红茶发酵过程中的环境条件要求，实现了发酵时的最佳状态。

该设备（图 4-11）主要技术指标有：①采用透明材质圆筒、回转搅拌与柔性刮板结构，发酵状态可视，翻动、温湿度控制、进出料及状态等实现自动监控，可选配在线视觉 / 嗅觉发酵品质监控系统等功能。② 80 型单机发酵叶容量 100 ~ 150kg，温度 25 ~ 35℃、相对湿度 ≥ 70%（可调控），出料时间 ≤ 2.0min，筒内氧浓度 ≥ 21%，发酵周期 2 ~ 5h，能耗 ≤ 1.5kW/h。③该设备有自动版、手动版两个规格，可单机使用，也可多台机组联合，实现连续化、自动化生产。具有超声波雾化隧道加热、控温控湿控时、连续化发酵、发酵叶状态可视等特点。

图 4-11 可视化连续发酵机

该技术及设备能满足红茶生产的加工工艺要求，并实现连续化加工，可单机使用或多机联合上生产线使用，适用于国内大叶、中叶、小叶茶区加工工夫红茶。应用该技术及设备后，示范推广地区茶叶企业的红茶品质有了显著提升，经农业农村部茶叶质量监督检验测试中心感官评价鉴定，红茶品质均较传统加工的红茶提高一个等级以上。

五、干燥设备

利用热风穿透茶层从而进行茶叶脱水和干燥，使茶叶含水率 ≤ 6%，提高茶叶香气和耐储存性。传统烘干机主要由主机箱体、上叶输送带、传动机构、热风炉和鼓风机等部分组成（图 4-12）。采用电加热或者颗粒质燃料提供热量，一台6CHB-8 型烘干机最大处理量约为30kg/h。目前烘干工艺主要采用箱式静态烘干、静态烘房式烘干、隧道式动态网带烘干、连续式翻板烘干等方式。

图 4-12 传统烘干机

1. 链板式烘干机

连续式翻板烘干机（图 4-13）主要由主机箱体（干燥室）、上叶输送带、传动机构、热风发生装置、鼓风机等组成。具有烘干速度快、升温快、温度均匀、自动化程度高等优点。主要体现在参数可数字化设定、整机加工状态显示、控制操作简单方便。采用专用配套输送实现布料均匀；采用多层式结构，高效利用空间；多层式集中加工，减少热能损耗；可以实现自动化、连续化、清洁化生产（表4-6）。链板式烘干机的能源采用煤（柴）、电、油、气等均可，目前也有使用生物质燃料的。

图 4-13　连续式翻板烘干机

表 4-6　不同型号烘干机参数

参数	6CHB-10 烘干机	6CHB-20 烘干机	6CHB-25 烘干机
加热方式	电/颗粒/煤气	电/颗粒/煤气	电/颗粒/煤气
功率/kW	1.2（非电加热）69.2（电加热）	1.2（非电加热）82.2（电加热）	1.2（非电加热）120.2（电加热）
最大处理量/（kg/h）	35	55	65
使用场景	小型生产线	中型生产线	大型生产线
尺寸/mm	6 250×1 540×1 650	5 830×1 420×1 600	7 070×1 570×2 720

2. 斗式烘干机

斗式烘干机主要用于名优茶如毛峰形绿茶、红茶等的烘干、提香作业。常见的斗式烘干机按能源形式可分为柴煤式、燃气式和电热式，柴煤式和燃气式烘干机由外接的柴煤炉或燃气炉产生热风，通过管道提供给烘干机。电热一体斗式烘干机有清洁化、温控精准、操作使用简单方便等优点。

如图4-14所示，斗式烘干机主要由箱体、烘盘、热风炉、鼓风机、风道及机架等组成。箱体用型钢和薄钢板制作，热风风道装在箱体内；烘盘用不锈钢薄板加工制成，底板为冲孔板，均匀布置细小的风孔，使热风炉产生的热风能均匀的吹出，以圆形常用；烘盘装在箱体的上方，与箱体内的风道的出风口相接，可以自由放上和取下，方便装茶、倒茶。

操作时，将茶叶均匀摊放在烘斗上进行烘焙。根据茶类和工艺情况，在烘期间适时进行翻动，有利于茶叶均匀失水，提高烘焙效率，其主要参数见表4-7。

图4-14　斗式烘干机

表4-7　电热式圆斗烘培机主要技术参数

参数	计量单位	H941ⅠA（5斗）	H941ⅡA（3斗）
直径	mm	480	480
高度	mm	80	80
台时产量	kg/h	≥12	≥8
功率	kW	25.9kW	15.54kW
外形尺寸（长×宽×高）	mm	3 180×650×930	1 930×650×930

3. 箱式提香机

该机属于红茶进一步干燥提香的设备。主要由烘干箱体、电热管、风机、旋转架、网盘等组成。烘干箱体采用金属板材制成，箱内置旋转架，架上可置放多层细孔网盘，网盘可在架上推进与拉出。作业时，网盘内摊放茶叶，推入旋转架上，电热管加热空气产生热风，由风机通过箱体侧面风孔送入箱体内，透过各层网盘上的茶叶，进一步干燥茶叶，使茶叶形成特殊香气品质（图4-15）。

图4-15　箱式提香机

4. 仿真炭火茶焙笼

仿真炭火茶焙笼是近年来发展起来的红茶精致烘焙设备，其组成主要包括焙笼箱体、焙笼机构、静压腔机构、正 / 负压腔机构、气流组织机构、排气机构、补氧机构、加热单元、仿真炭火单元、数字化人机界面、电脑控制单元等。该设备工作原理是通过微电脑控制补氧机构，将外部空气送入加热单元，并经过仿真炭火单元处理后，经由气流组织机构送入正 / 负压机构，再输送到焙笼机构，抵达待烘焙的茶叶，从而对茶叶进行烘焙，最后将茶叶烘焙后产生的水汽和青杂 / 臭味通过排气机构排到外部。仿真炭火单元处理后的空气带有高穿透力的热量，使茶叶内外均匀受热，可以更有效的去除低沸点的青草气息，激化并最大保留茶叶中高沸点的芳香物质，获得特有的甜润口感（图 4-16）。

仿真炭火茶焙笼特点包含：①仿真炭火茶焙笼可替代传统的木炭烘焙。操作简便，省去传统炭焙时的"打焙"和"披灰"等环节；清洁环保，不需要使用原生木炭，不会对植被破坏，不会污染空气；超大热容量的发热体解决传统炭焙的温度控制难点。②拥有传统炭焙的优点，有效的去除低沸点的青草气息及红、绿茶的汤水的苦涩口感，激化高沸点的芳香物质的合成。促使红、绿茶烘焙后香高、味鲜醇、汤柔顺。③数字化人机界面；温度、风速、时间、可调控；语音提醒；茶叶受热均匀，固化茶叶品质，促进汤水柔顺，提高香气。仿真炭火茶焙笼主要技术参数如下，茶焙笼：直径 0.8m×高 0.8m；烘焙量：3 ～ 4kg；温度控制范围：35 ～ 145℃；时间控制范围：1 ～ 18h。

图 4-16　仿真炭火茶焙笼

5. 电磁热风烘干机

该设备利用磁场感应涡流原理，采用高频电流，通过电感线圈产生交变磁场，对金属加热体进行切割，产生交变电流（涡流），使加热体原子高速无规则运动，互相碰撞摩擦而产生热能，是一种较新型的加热方式。由于加热体自身发热且热量集聚于本体，能量利用充分，基本无散失，热启动快，平均预热时间比传统加热方式缩短60%以上，同时热效率可高达90%以上，在同等条件下，比电热管加热节电30-70%，大大提高了生产效率和热能利用率；电磁加热线圈本身基本不会产生热量，且与滚筒筒体无接触，无磨损现象，使用寿命高达10年以上，且无需维护。更重要的是本系列机型烘干效果稳定，红茶品质大幅提升。

表 4-8　电磁热风烘干机主要技术参数

参数	单位	6CH-20DC-W	6CH-30DC-W
外形尺寸（长×宽×高）	mm	6000×1950×2700	6150×2230×2700
有效干燥面积	m²	20	30
烘干层数	层	6 链板（4 钢丝网）	6 链板（4 钢丝网）
配套功率	kW	传动：1.5、风机：2.2	传动：1.5、风机：2.2
整机质量	kg	2400	3200
小时生产率	kg/h	≥ 60	≥ 150
出叶时长	min	5 ～ 15	
耗电率	kW/kg 茶	≤ 0.120	
工作噪声	dB(A)	≤ 80	

图 4-17　电磁热风烘干机

第二节　连续化生产线

一、小型红茶生产线

该红茶生产线根据浙江红茶生产实际需要和红茶原料加工工艺特点，围绕小型实用的目标要求进行研制，具有自动化程度高、连续化作业、清洁化生产、占地面积少、操作简单等特点，主要参数详见表4-9、表4-10。

主要工艺流程为：鲜叶萎凋→自动揉捻→解块→连续发酵→初烘→回潮→复烘。

主要设备有：鲜叶萎凋机、揉捻机组、连续发酵机、链板式烘干机、回潮机。

该生产线适用于中高档红茶的连续化、自动化生产作业，干茶处理量≥20kg/h，24小时连续可生产干茶400kg左右，占地尺寸（长×宽×高）：65m×12m×38m。能耗为：燃气式耗气量约40kg/h；电热式耗电量约300kW/h；柴煤式耗煤量200kg/h。

表4-9　100kg红茶生产线技术参数

工艺	参数设置	设备配置	品质特征	在制叶含水率	余重（理论值）
鲜叶萎凋	时间4~8h，叶厚≤10cm，温度30~35℃	萎凋机组（6m²/台）、缓冲机	质软、清香	75%→60%	100kg/h→62.5kg/h
揉捻	90~120min，轻-中-重-轻	自动揉捻机组（R55）	成条率98%		30kg（R55型）
发酵	风温35℃，湿度90%，3~4h	连续发酵机、发酵房	青草气消失、色泽红润		62.5kg/h
初烘	热风120℃，15min	翻板烘干机	色泽红润，甜香溢出	→25%	33~35kg/h
冷却回潮	风冷，30~40min	网带回潮机	叶质有触感		——
烘干	80~100℃，20~30min	翻板烘干机	条索紧细、色泽乌润	→5~6%	26~28kg/h
摊凉	风冷	摊凉平台	叶质硬脆、色泽乌润、甜香悠长	→5%	26~27kg/h

表 4-10 400kg 红茶生产线技术参数

工艺	参数设置	设备配置	品质特征	在制叶含水率	余重（理论值）
鲜叶萎凋	时间 4～8h，叶厚≤10cm，温度 30～35℃	萎凋机组（12m²/台）、缓冲机	质软、清香	75→60%	400kg/h→250kg/h
揉捻	90～120 min，轻-中-重-轻	自动揉捻机组（R65）	成条率98%		60kg（R65型）
发酵	风温35℃，湿度90%，3～4h	连续发酵机、发酵房	青草气消失、色泽红润		250kg/h
初烘	热风 120℃，15min	翻板烘干机	色泽红润、甜香溢出	→25%	130～135kg/h
冷却回潮	风冷，30～40min	网带回潮机	叶质有触感	—	
烘干	80～100℃，20～30min	翻板烘干机	条索紧细、色泽乌润	→5%～6%	105～115kg/h
摊凉	风冷	摊凉平台	叶质硬脆、色泽乌润、甜香悠长	→5%	104～112kg/h

（一）循环式萎凋机组

鲜叶萎凋是红茶加工至关重要的头道工序。该循环式鲜叶萎凋机组可根据工艺要求设置温度、风量、萎凋时间、摊叶厚度等，让鲜叶在机械上连续循环走动，实现上下左右的立体翻动，实现均匀萎凋，当一个流程下来的茶叶没有完成萎凋，可用输送机连接从箱体外进行输送，重新循环到箱体内进行萎凋。当萎凋达到所需程度就可自动输送到下道工序。根据产能要求，该机可多机组联装。萎凋机组作业参数见表 4-11。

萎凋机组（图 4-18）由茶叶提升机、移动布料装置、循环萎凋机、茶叶缓冲机等组成；其中循环萎凋机输送带为聚酯网带，萎凋机装有大风量风机及发热装置，可在程序控制下根据工艺要求实现自动吹、停、控温等功能，以强化萎凋效果；萎凋机后配有茶叶缓冲机，与后续揉捻工艺自动匹配，实现茶叶生产的连续化。

表 4-11 萎凋机组作业参数

萎凋机组（生产产能）/kg	摊叶面积 /m²	可摊鲜叶重量 /kg
100	6	90～100
400	12	180～200

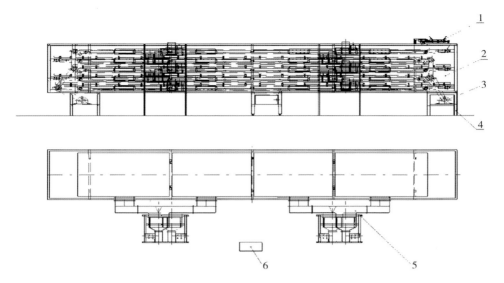

1–移动往复平输机；2–多层萎凋机箱体；3–底架；

4–传动部件；5–电加热炉；6–电器箱。

图 4-18　萎凋机结构示意

（二）揉捻机组

揉捻模块机组由茶叶给料分配系统、2 组 5 台 65 型揉捻机组（400kg/h 生产线）或 1 组 4 台 55 型揉捻机（100kg/h 生产线）和自动出叶传送装置组成。本工序采用自动计量、触摸屏、PLC 等控制技术，实现自动上料、自动加压、自动出茶的连续化生产加工，既节省人工，又使茶叶加工更为优质、高效、卫生。该机组（400kg/h 生产线）萎凋叶处理量 30kg/ 桶，台组处理量 350 ～ 400kg/h，成条率 ≥ 98%。

程序控制自动加料、自动加压、自动出茶，揉捻压力自动"轻 – 重 – 轻"控制，减轻了劳动强度，实现揉捻叶品质的一致。

（三）发酵机组

由解块机、茶叶输送装置、超声波雾化加湿机、连续发酵机、发酵房等组成；实现连续化发酵，配置有热风管道、湿气管道、排湿管道和超声波雾化器，保证茶叶发酵过程的富氧环境；系统 PLC 参数化精准控制。同时，考虑到湿热环境，设备材质均由不锈钢制作，与茶叶接触部分由聚酯网带、食品级橡胶及优质不锈钢材料组成，充分保证设备在高温、高湿环境下的卫生安全，机组总功率 22.62kW。

发酵机由多层聚酯网带组成，在运行时，发酵叶自动翻叶，确保发酵茶叶的芽和叶品质一致，为后期红茶的做形（条、扁、曲、珠等）创造条件，实现整条生产线均衡、等量。

（四）烘干机组

由翻板烘干机、回潮机、摊凉平台组成。本机组首尾相连，实现车间内设备布局连贯协调，设备前提升装置有储料功能，保证设备利用的连续性。该机组利用热空气作为干燥介质与湿物料连续相互接触运动，使湿物料中所含的水分及热能扩散，汽化和蒸发排除，从而达到烘干的目的。为防止茶叶在烘干过程中外干内湿，提升茶叶的烘干品质，中间设有冷却回潮工序。

烘干机输送带上料，干燥室分层进风，一头进一头出模式节约占地面积及配套设备，增加烘干面积，烘箱进行保温处理，在节能的同时，也能降低加工场所的环境温度。足火烘干配置除尘装置，使加工场所更加清洁。

二、大型红茶生产线

该生产线采用萎凋机组、可视化揉捻机组、可视化连续发酵机组、节能型烘干机等关键设备，研发设计出 3 个规格的红茶加工生产线，即 100 型、300 型、500 型（图 4-19），每班（6 ～ 8h）可处理鲜叶原料 450kg、1 350kg、2 250kg，每班生产能力为 100kg、300kg、500kg 干毛茶（图 4-20）。

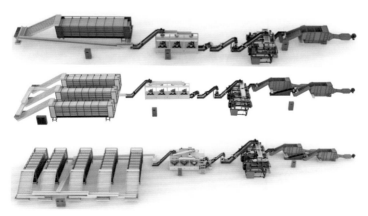

图 4-19　红茶可视化连续自动化加工生产线示意

图 4-20　红茶可视化连续自动化加工生产线

1. 技术原理

该生产线把传统工艺和现代技术有机结合,在鲜叶萎凋、揉捻、发酵、烘干等重要工艺环节通过环境控制技术和自动控制技术等,提高生产效率和产品质量,显著降低劳动强度。

2. 生产线特点

采用循环式内置加热吹风系统的萎凋机组,通过自动控制系统控制上料厚度、热风温度及自动翻叶。萎凋条件稳定,提高萎凋叶均匀度,从而提高工夫红茶品质。

揉捻机组采用手自一体控制,既能满足规模化、参数化的红茶加工,又能在小批量或试验时提供方便快捷的加工设备。

发酵机是基于超声波雾化隧道加热技术,采用透明材质圆筒、回转搅拌与柔性刮板结构,具有:发酵叶状态可视、触屏操作、定时翻动、自动控制温湿度、自动进出料、发酵状态监控等连续化发酵功能,可选配在线视觉/嗅觉发酵品质监控等功能。

3. 生产线关键设备基本配置

(1)100 型基本配置。日处理鲜叶量约为 450kg。

①萎凋机组:100m² 循环式萎凋机 1 台(控温控湿);或加温吹风式萎凋槽(6.0m×1.25m)4 ~ 5 台;或萎凋架+水筛15 ~ 20 套(参考占地面积:8 套 /10 ㎡),推荐配置控温、控湿萎凋室。

②揉捻机组:55 型揉捻机 3 台。

③解块：解块机 1 台。

④发酵机组：80 型可视化连续发酵机 2 台。

⑤毛火干燥：20m² 链板式烘干机 1 台。

⑥足火干燥：采用同 1 台烘干机。

（2）300 型基本配置。日处理鲜叶量约为 1 350kg。

①萎凋机组：100m² 循环式萎凋机 3 台（控温、控湿），辅助使用萎凋槽、萎凋架若干台；或加温吹风式萎凋槽（6.0m×1.25m）12 ～ 16 台；或萎凋架 + 水筛 50 ～ 60 套（参考占地面积：8 套 /10 ㎡），推荐配置控温、控湿萎凋室。

②揉捻机组：55 型揉捻机 4 台。

③解块：解块机 1 台。

④发酵机组：100 型可视化连续发酵机 2 ～ 3 台。

⑤毛火干燥：30m² 链板式烘干机 1 台。

⑥足火干燥：采用同 1 台烘干机，或再配置 20m² 链板式烘干机 1 台。

（3）500 型基本配置。日处理鲜叶量约为 2 250kg。

①萎凋机组：100m² 循环式萎凋机 5 台（控温控湿），辅助使用萎凋槽、萎凋架若干台；或加温吹风式萎凋槽（6.0m×1.25m）20 ～ 25 台；或萎凋架 + 水筛 80 ～ 100 套（参考占地面积：8 套 /10m²），推荐配置控温控湿萎凋室。

②揉捻机组：55 型揉捻机 6 台。

③解块：解块机 2 台。

④发酵机组：100 型可视化连续发酵机 3 台。

⑤毛火干燥：30m² 链板式烘干机 1 台。

⑥足火干燥：30m² 链板式烘干机 1 台，或毛火、足火干燥配置 20m² 链板式烘干机 3 台。

该生产线能满足浙江茶区红茶生产的加工工艺要求，并实现连续化加工，实际生产中，建议每条生产线后面配置箱式提香机 2 ～ 4 台。

三、智能化红茶生产线

该生产线按照茶叶品质特征、产量需求及厂房大小等，确定关键加工装备的机型、数量，并应用数字化 PLC 设备将其有序地连接起来。该生产线的配备原则参照茶叶流量平衡和匀速流动，茶叶失水速度符合工艺要求和茶叶的品控。生产线设备选型从用户的生产计划，产品的目标品质，产能产量，

车间的基础建筑条件，车间的配套设施条件和生产线的先进水平等几方面考量。

（一）连续式智能茶叶摊青萎凋机

1. 6CWD-180LX 连续式智能茶叶摊青萎凋机性能说明

（1）配备四合一专利技术热泵系统，实现增温、降温、增湿、除湿一体化智能控制，减少能耗；使用自动化生产管理平台，操作简便，并可提供互联网、云服务技术，实现智能化、数据化、可视化管理。

（2）应用流体力学风控技术，把工业技术转化为农业生产应用型技术。实现萎凋室内温度场、风场的自动控制，确保萎凋室的任意空间位置的温度、风速、风量的一致性，提高鲜叶萎凋的匀质性；利用植物蒸腾原理重新定义茶鲜叶的萎凋方式和工艺，对茶鲜叶萎凋后的品质起到提升作用。利用科学的方式，把传统靠经验做茶转化为科学做茶，实现科技助农。

（3）量化控制新风系统、保鲜模式、鲜叶自动翻堆功能，自动化多功能集成，把传统工艺通过科学的方法实现机器代替人工，降低操作人员劳动强度，减少劳动力，实现机械化生产。

（4）采用立体式多层流水线输送带方法，替代传统平面萎凋槽，减少生产占地面积 50% 以上，实现茶产业集约化生产。

2. 6CWD-180LX 连续式智能茶叶摊青萎凋机关键技术指标（图 4-21，表 4-12）

（1）设备能够在高温天气、低温天气、雨露天气等工况环境运行；工况环境温度 10 ～ 40℃，工况环境相对湿度 30% ～ 95%；萎凋室内温度控制范围 20 ～ 35℃，相对湿度控制范围 40% ～ 80%。

（2）萎凋室的氧气可进行量化性补充，能及时将鲜叶摊青或萎凋过程中产生的不利气体（青臭气等）CO_2 排除。

（3）能实现风量在 12 000 ～ 40 000m³/h 范围内切换，萎凋室内温度、湿度、风量等均匀。

（4）输送带上配有多个物料检测传感器，监控库内茶叶位置，及时提醒客户停止上料。

（5）能利用互联网和云技术，云端访问设备，让用户在线监控设备运行，配备专家数据库对应检测分析工艺流程，集中管理，数据检测，数据分析，实现设备自动化控制，科学做茶。

表 4-12 6CWD-180LX 连续式智能茶叶摊青萎凋机设备规格及基本参数

序号	项目	单位	技术指标
1	型号名称	/	6CWD-180LX
2	库体尺寸（长×宽×高）	mm	12 150×3 800×4 200
3	外形尺寸（长×宽×高）	mm	13 300×3 800×4 200
4	结构型式	/	叠层式
5	作业型式	/	连续自动化，调速范围8-40分钟可设可调
6	有效摊叶面积	m²	180
7	输送带层数	层	8
8	除湿量	/	40kg/h
9	摊青（萎凋）叶含水率	/	65%～70%
10	性能	/	主机具备升温/降温、增湿/除湿四合一功能、温度控制范围20～35℃、湿度控制范围40%～80%
11	功能	/	茶鲜叶摊放、萎凋。具备内/外循环功能、具备萎凋叶自动翻堆功能、具备空气净化/杂异味吸收功能、具备全新风功能、具备翻堆功能
12	产能	kg/批	1 000kg/批次
13	设备装机功率	/	128kW（380V/50Hz）
14	设备附属配置	台	鲜叶提升机1台；匀料输送机1台；回料提升机1台；出料输送机1台；连续式智能茶叶摊青萎凋机主机1台

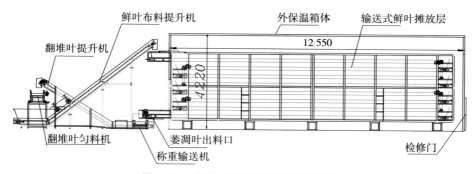

图 4-21 连续式智能茶叶摊青萎凋机

（二）自动气动揉捻机组（表4-13，图4-22）

设备性能：具备茶叶揉捻过程压力、压盖位置的可设置、可控制、自动揉捻功能，带数字化通讯模块。揉捻机自带三条专家工艺曲线（一芽一叶、一芽两叶、一芽三叶），用户可以在专家曲线的基础上微调工艺，达到用户专属最佳揉捻工艺方案。

表 4-13　HM-QR-50-6 自动揉捻机组设备规格及基本参数

序号	项目	单位	技术指标
1	型号名称	/	HM-QR-55-6
2	设备尺寸（长 × 宽 × 高）	mm	11 000×1 450×2 200
3	作业型式	/	连续自动化
4	功能	/	红茶揉捻。压力/压盖位置可设置、可控制、自动揉捻、自动出料、自带专家工艺曲线
5	产能	kg/批	200kg 萎凋叶/批次
6	设备总功率	/	20kW（380V/50Hz）
7	揉捻输送设备配置	台	汇集提升机1台；称重输送机1台；双向输送机1台；自动揉捻机主机6台；集料输送机2台；解块机4台；茶叶提升机4台

图 4-22　自动气动揉捻机机组

（三）连续式发酵设备（表 4-14，图 4-23）

设备性能：红茶发酵全过程的温度、湿度、堆叶厚度、时间精准可调可控，应用变温发酵法对发酵叶的叶温准确把控，从而实现红茶的香气持久、滋味鲜醇甘爽的品质特点。

表 4-14　HM-6CFX-10 连续式发酵间设备规格及基本参数

序号	项目	单位	技术指标
1	型号名称	/	HM-6CFX-10
2	设备尺寸（长×宽×高）	mm	4 900×2 450×2 650
3	库体尺寸（长×宽×高）	mm	3 800×2 450×2 200
4	作业型式	/	连续自动化
5	性能	/	温度控制范围 25～35℃、相对湿度控制范围 65%～85%
6	功能	/	红茶发酵。具备实时全新风功能、具备叶温检测功能
7	产能	kg/批	350kg/批次
8	设备总功率	/	10kW（380V/50Hz）
9	设备配置	/	连续式发酵间 1 台；发酵叶集料输送机 1 台

图 4-23　连续式发酵设备

（四）红茶初干（钝化）机（表 4-15、图 4-24）

表 4-15   6CHB-7 红茶钝化机设备规格及基本参数

序号	项目	单位	技术指标
1	型号名称	/	6CHB-7
2	设备尺寸（长×宽×高）	mm	6 150×2 000×2 450
3	作业型式	/	连续自动化
4	性能	/	初干（钝化）温度（叶温 80～90℃）、具备远红外快速加热功能
5	功能	/	红茶发酵叶钝化
6	产能	kg/ 批	200kg/ 批次
7	设备总功率	/	13kW（380V/50Hz）
8	热源	/	液化气热源（供热）20 万 k

图 4-24   红茶初干（钝化）机

（五）回潮机（表 4-16，图 4-25）

表 4-16 回潮机

序号	项目	单位	技术指标
1	型号名称	/	6CHM-18
2	设备尺寸（长×宽×高）	mm	7 000×1 500×2 100
3	作业型式	/	连续自动化
4	功能	/	茶叶冷却回潮
5	产能	kg/批	700kg/批次
6	设备总功率	/	0.9kW（380V/50Hz）

图 4-25 回潮机

（六）自动烘干机组（表 4-17，图 4-26）

有效烘干面积 20m²；温度控制范围 50 ～ 140℃；带数字化通讯模块。采用液化气加热，热源清洁无尾气污染，烘干机热源可根据实际需求定制。

浙里红茶

表 4-17　6CH-20Q 自动烘干机设备规格及基本参数

序号	项目	单位	技术指标
1	型号名称	/	6CH-20Q
2	设备尺寸（长×宽×高）	mm	9 100×1 500×2 000
3	作业型式	/	连续自动化
4	性能	/	温度控制范围 50～150℃
5	功能	/	茶叶烘干
6	产能	kg/h	50kg/h
7	设备总功率	/	10kW（380V/50Hz）
8	热源	/	液化气、柴油、生物质颗粒、电
9	设备配置	台	回潮叶提升机 1 台；自动烘干机 2 台；烘干叶提升机 1 台；摊晾平台 2 台

图 4-26　自动烘干机组

第五章
红茶品质与审评

第一节　红茶品质特征

浙江红茶经过 16 年恢复性发展，标准化加工工艺基本形成，产品品质特征基本稳定。浙江红茶外形细紧弯曲多锋苗，色泽乌黑油润显金毫，匀度好、净度好，汤色橙红明亮，花香甜香持久，滋味醇厚甘爽，叶底红匀明亮，可以用"白玉杯中琥珀色、红唇舌底蜜兰香"来描述浙江红茶。

历史上浙江红茶产量最高的越红工夫茶，初制茶称"越毛红"，产于绍兴、诸暨、嵊县等地。越红工夫茶条索紧细挺直，色泽乌润，毫色银白或灰白，锋苗显，净度高，外形优美，内质香味纯正，滋味醇厚甘爽，汤色红亮较浅，叶底红匀稍暗。

2007 年开始恢复生产的杭州市"九曲红梅"茶，由中小叶种茶树鲜叶制成，条索细紧多锋苗，汤色橙红明亮，香气鲜嫩甜香，滋味鲜醇甘爽，细嫩显芽红匀亮。具体品质特征见表 5-1。

表 5-1　九曲红梅茶品质特征（GH/T1116-2015）

级别	外　形				内　质			
	条索	整碎	色泽	净度	汤色	香气	滋味	叶底
特级	细紧卷曲多锋苗	匀齐	乌黑油润	净	橙红明亮	鲜嫩甜香	鲜醇甘爽	细嫩显芽红匀亮

续表

级别	外形				内质			
	条索	整碎	色泽	净度	汤色	香气	滋味	叶底
一级	紧细卷曲有锋苗	较匀齐	乌润	净稍含嫩茎	橙红亮	嫩甜香	醇和爽口	匀嫩有芽红亮
二级	紧细卷曲	匀整	乌尚润	尚净有嫩茎	橙红明	清纯有甜香	醇和尚爽	嫩匀红尚亮
三级	卷曲沿紧细	较匀整	尚乌润	尚净稍有筋梗	橙红尚明	纯正	醇和	尚嫩匀尚红亮

引进福建茶树品种加工为主的"龙泉红"红茶，以香气浓郁风格为主，外形条索紧实，色泽乌润，金毫显露，香气馥郁，有明显花香、果香，滋味甘活鲜爽，汤色橙黄明亮，具有"香、活、甘、醇"之特色。

第二节 审评基本要求

一、审评室的要求

审评室坐南朝北，北面开窗，室内色调为白色，要求光线调和明亮，没有异味物品和色彩的影响。干评台工作面光照度在 1 000 lx，湿评台工作面光照度在 750 lx。光线不足，应有辅助光源，光谱与自然光接近且均匀、柔和、无影。

二、审评员的要求

（1）工作前 1h，不吸烟，不吃刺激性的食物（如辛辣、油腻的食物）。
（2）不得使用化妆品。
（3）身体不适如感冒，则不进行审评。

三、审评方法及基本要求

（一）扦样

要求所扦茶样能代表该批红茶的品质。一般从大堆或每袋茶叶的上、中、下四周均匀扦取茶样。扦出后采用"四分法"，扦取对顶角的两份。反复进行几次，扦至所需叶量时为止。扦样手势要轻，以免压碎茶叶。

（二）把盘

俗称摇样盘（图5-1）。将100g左右的茶叶倒入评茶盘，双手持盘的对角，运用手势作前后左右的回旋转动，使红茶均匀地按粗细、长短、大小、整碎顺序分等层并收于茶样盘中间呈馒头形，使茶叶分出上、中、下段茶三个层次。

图5-1　摇样盘

（三）外形审评方法

红茶外形审评主要看形状、嫩度、色泽、匀整度、净度。初制茶经把盘分出上、中、下段茶后，目测审评，用手将上、中段茶抓在手中，审评留在茶盘中的下段茶；手心向上，将手摊开，目测审评中段茶。精制茶经把盘分出上、中、下段茶后目测审评，并比较上、中、下段茶的比例。红茶外形要求：条索紧细匀直，露毫有锋苗，色乌褐或乌黑油润或棕褐油润显金毫，嫩度和色泽的匀整度好，净度高。

（四）冲泡方法与各因子审评顺序

取有代表性茶样3.0g，茶水比（质量体积比）1∶50，置于审评杯中，注满沸水、加盖、计时5min，依次等速滤出茶汤，留叶

图5-2　冲泡

底于杯中，按汤色、香气、滋味、叶底的顺序逐项审评。

（五）内质审评方法

1.汤色。审评汤色颜色种类、色度、明暗度和清浊度。审评茶汤时应调换审评碗的位置以减少环境光线对茶汤的影响。

2.香气。嗅香气应以热嗅、温嗅、冷嗅相结合。审评其类型、浓度、纯度、持久性。

3.滋味。茶汤审评其滋味的浓淡、厚薄、醇涩、鲜钝、纯异，有否青花味、酸味、闷味、沤馊味、焦味及火候等。

4.叶底。主要看嫩度、叶色、明暗度、匀整度。匀整度包含叶底嫩度的匀整度和色泽匀整度，如叶底花杂，老嫩不一均属匀整度差。

（六）审评结果与判定

1.评分方式。按审评因子采用百分制评分和加注评语同时进行。红茶品质评定用语与品质因子评分标准见表5-3。

表5-3　红茶品质评语与品质因子评分标准

因子	级别	品质特征	得分	评分系数（%）
外形	甲	细紧或紧结或壮结，露毫有锋苗，色乌黑油润或棕褐油润显金毫，匀整，净度好	90～99	25%
	乙	较细紧或较紧结、较乌润，匀整，净度较好	80～89	
	丙	紧实或壮实，尚乌润，尚匀整，净度尚好	70～79	
汤色	甲	橙红明亮或红明亮	90～99	10%
	乙	尚红亮	80～89	
	丙	尚红欠亮	70～79	
香气	甲	嫩香，嫩甜香，花果香	90～99	25%
	乙	高，有甜香	80～89	
	丙	纯正	70～79	
滋味	甲	鲜醇或甘醇或醇厚鲜爽	90～99	30%
	乙	醇厚	80～89	
	丙	尚醇	70～79	
叶底	甲	细嫩（或肥嫩）多芽或有芽，红明亮	90～99	10%
	乙	嫩软，略有芽，红尚亮	80～89	
	丙	尚嫩，多筋，尚红亮	70～79	

2.分数确定。将单项因子的得分与该因子的评分系数相乘，并将各个乘积值相加，即为该茶样审评的总得分。计算公式如下式。

$$Y=A×a+B×b+\cdots+E×e$$

式中：Y 表示审评总得分；A、B、$\cdots$、E 表示各因子的审评得分；a、b、$\cdots$、e 表示各品质因子的评分系数。

审评因子评分系数见表 5-4。

表 5-4　红茶审评因子评分系数

茶类	外形（a）	汤色（b）	香气（c）	滋味（d）	叶底（e）
红茶	25	10	25	30	10

第三节　审评专用器具

一、审评台

干评台高 80 ～ 90cm，宽 60 ～ 75cm，台面为黑色亚光。湿评台高 75 ～ 80cm，宽 45 ～ 50cm，四周边高 1 ～ 5cm，桌边四周设凹槽和一个茶水排出口，白色亚光台桌。干评台、湿评台的长度依需要而定（图 5-3、图 5-4）。

图 5-3　干评台

图 5-4　湿评台

二、评茶专用杯碗

白色瓷质，大小、厚薄、色泽一致。

审评杯碗：杯呈圆柱形，高65mm，外径66mm，内径62mm，容量150mL。具盖，盖上有一小孔，杯盖上面外径72mm，下面内圈外径60mm。与杯柄相对的杯口上缘有三个呈锯齿形的滤

图 5-5　审评杯碗

茶口，口中心深3mm，宽2.5mm。碗高55mm，上口外径95mm，上口内径90mm，下底外径60mm，下底内径54mm，容量250mL（图5-5）。

三、评茶盘

木板或胶合板制成，正方形，外围边长230mm，边高33mm，盘的一角开有缺口，缺口呈倒等腰梯形，上宽50mm，下宽30mm。涂以白色油漆，要求无气味（图5-6）。

四、叶底盘

白色搪瓷盘。为长方形，长230mm，宽170mm，边高30mm（图5-7）。

图 5-6　评茶盘

图 5-7　叶底盘

五、称量用具

天平，感量 0.1g（图 5-8）。

六、计时器

定时钟，精确到秒。

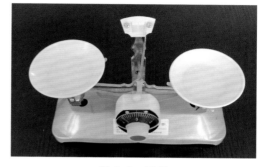

图 5-8　天平

七、其他

（1）茶匙。不锈钢或瓷匙，容量约 10mL（图 5-9）。
（2）其他用具。烧水壶、品茗杯（图 5-10）、电炉、塑料桶等。

图 5-9　茶匙

图 5-10　品茗杯

第四节　审评术语

一、红茶干茶形状

显毫：有茸毛的茶条比例高。
多毫：有茸毛的茶条比例高，程度比显毫低。

锋苗：芽叶细嫩，紧结有锐度。

重实：身骨重，茶在手中有沉重感。

轻飘：身骨轻，茶在手中分量很轻。

匀整、匀齐、匀称：上、中、下三段茶的粗细、长短、大小较一致，比例适当，无脱档现象。

匀净：匀齐而洁净，不含梗朴及其他夹杂物。

挺直：茶条匀齐，不曲不弯。

弯曲、钩曲：不直，呈钩状或弓状。

细紧：茶叶细嫩、条索细长紧卷而完整，锋苗好。

紧秀：茶叶细嫩、紧细秀长，显锋苗。

紧结：茶条卷紧而重实。

紧直：茶条卷紧而直。

紧实：茶条卷紧，身骨较重实。

肥壮、硕壮：芽叶肥嫩身骨重。

壮实：尚肥大，身骨较重实。

粗实：嫩度较差，形状粗大而尚结实。

粗松：嫩度差，形状粗大而松散。

松条、松泡：茶条卷紧度较差。

细圆：颗粒细小圆紧，嫩度好，身骨重实。

圆结：颗粒圆而紧结重实。

圆实：颗粒圆而稍大，身骨较重实。

圆直、浑直：茶条条索圆浑而挺直。

粗大：比正常规格大的茶。

细小：比正常规格小的茶。

短碎：面张条短，下段茶多，欠匀整。

松碎：条松而短碎。

二、红茶干茶色泽

乌润：乌黑而油润。

油润：鲜活，光泽好。

枯燥：干枯无光泽。

枯暗：枯燥反光差。

花杂：叶色不一，形状不一或多梗、朴等茶类夹杂物。

黄褐：褐中带黄。

褐黑：乌中带褐有光泽。

三、红茶汤色

清澈：清净、透明、光亮。

混浊：茶汤中有大量悬浮物，透明度差。

沉淀物：茶汤中沉于碗底的物质。

明亮：清净反光强。

暗：反光弱。

鲜亮：新鲜明亮。

鲜艳：鲜明艳丽，清澈明亮。

深：茶汤颜色深。

浅：茶汤色泽淡。

浅黄：黄色较浅。

深黄：黄色较深。

橙黄：黄中微泛红，似橘黄色，有深浅之分。

橙红：红中泛橙色。

红暗：色红反光弱。

红艳：茶汤红浓，金圈厚而金黄，鲜艳明亮。

红亮：红而透明光亮。

红明：红而透明，亮度次于"红亮"。

浅红：红而淡，浓度不足。

冷后浑：茶汤冷却后出现浅褐色或橙色乳状的浑浊现象。

四、红茶香气

清纯：清香纯正。

甜香：香气有甜感。

花香：似鲜花的香气，新鲜悦鼻。

花蜜香：花香中带有蜜糖香味。

果香：浓郁的果实熟透香气。

地域香：特殊地域、土质栽培的茶树，其鲜叶加工后会产生特有的香气。

松烟香：带有松脂烟香。

陈香：茶质好，保存得当，陈化后具有令人愉悦的香气，无杂气、霉气。

纯正：茶香纯净正常。

平正：茶香平淡、无异杂气。

欠纯：香气夹有其他的异杂气。

焦糖香：干燥充足，火工高带有糖香。

高火：茶叶干燥过程中温度高或时间长而产生，稍高于正常火功。

焦气：有较重的焦糊气，程度重于老火。

闷气：沉闷不爽。

青气：带有青草或青叶气息。

青浊气：气味不清爽。

粗气：粗老叶的气息。

酸、馊气：茶叶含水量高、加工不当、变质所出现的不正常气味。馊气程度重于酸气。

劣异气：茶叶加工或贮存不当产生的劣变气息或污染外来物质所产生的气息，如烟、焦、酸、馊、霉或其他异杂气。

五、红茶滋味

浓：内含物丰富，收敛性强。

厚：内含物丰富，有黏稠感。

醇：浓淡适中，口感柔和。

滑：茶汤入口和吞咽后顺滑，无粗糙感。

回甘：茶汤饮后，舌根和喉部有甜感，并有滋润的感觉。

醇厚：入口爽适，回味有黏稠感。

甘醇：醇而回甘。

甘鲜：鲜甜有回甘。

甜醇：入口即有甜感，爽适柔和。

甜爽：爽口而有甜味。

醇爽：醇而鲜爽。

醇正：浓度适当，正常无异味。

醇和：醇而和淡。

平和：茶味和淡，无粗味。

淡薄：茶汤内含物少，无杂味。

涩：茶汤入口后，有厚舌阻滞的感觉。

苦：茶汤入口有苦味，回味仍苦。

粗味：粗糙滞钝，带木质味。

青涩：涩而带有生青味。

青味：青草气味。

六、红茶叶底

细嫩：芽头多或叶子细小嫩软。

肥嫩：芽头肥壮，叶质柔软厚实。

柔嫩：嫩而柔软。

柔软：手按如绵，按后伏贴盘底。

肥亮：叶肉肥厚，叶色透明发亮。

肥厚：芽或叶肥壮，叶肉厚。

匀：老嫩、大小、厚薄或色泽等均匀一致。

杂：老嫩、大小、厚薄或色泽等不一致。

硬：坚硬、有弹性。

嫩匀：芽叶匀齐一致，嫩而柔软。

红匀：红色深浅一致。

紫铜色：色泽明亮，黄铜色中带紫。

红暗：叶底红而深、反光差。

花青：红茶发酵不足，带有青条、青张的叶底色泽。

青张：夹杂青色叶片。

乌暗：似成熟的栗子壳色，不明亮。

古铜色：色泽红较深，稍带青褐色。

第六章
红茶综合利用

第一节 红茶的营养与功效

红茶作为世界上最受欢迎的饮料，吸引着越来越多人的关注。红茶区别其他茶类之处在于加工工艺和发酵程度。红茶属全发酵茶，发酵过程中儿茶素在酶促作用下，氧化结合生成茶黄素和茶红素等。红茶质量的好坏与多酚类物质的水溶性氧化产物密切相关，尤其与茶黄素类（theaflavins，TFs）物质的关联度最高。茶黄素是茶叶加工过程中形成的色素，是茶多酚氧化形成的一类水溶性、具备多个羟基或酚羟基的苯骈卓酚酮类化合物的总称，是红茶茶色素的主要成分。茶黄素对红茶品质的形成有着决定性作用，尤其是在红茶汤色和滋味的形成上具有重要影响。现代药理研究表明，红茶中生物活性物质主要由儿茶素和茶黄素组成，两者对人类健康具有保健功效。

一、预防癌症

医药研究报道显示，红茶中含有的茶黄素具有抗肿瘤和预防癌症的作用，并且从功效和安全性的角度都获得了广泛的认可。主要是通过清除自由基、抑制细胞突变、抑制癌细胞的转录、促进癌细胞凋亡、抗染色体断裂等途径来实现的。最新研究表明，红茶在前列腺癌、子宫癌和直肠癌形成过程中存在化学预防作用，定期饮用适量的红茶可以降低女性得子宫癌和膀胱癌的风险，红茶提取物能抑制糜蛋白酶活性，减缓人类多发性骨髓瘤细胞的增殖速度等。

二、防治心血管疾病

饮用红茶和绿茶均能降低心血管疾病的发生概率。红茶能降低人体血浆内尿酸和 C- 反应蛋白的含量，红茶甚至能降低血糖浓度、甘油三酯、低密度脂蛋白胆固醇与高密度脂蛋白胆固醇的比例，增加血浆中抗氧化剂，进而有利于降低患心血管疾病的风险。在茶对人体的保健效应研究中，心血管疾病方面的研究最令人信服。研究结果显示，坚持喝红茶能降低冠心病的死亡率。

三、防治肥胖

红茶不仅能减少餐后机体对脂质的吸收，还能降低健康人餐后血糖水平，促进胰岛素反应。大量的动物试验、有限的流行病学研究试验和少量的人类干预性试验表明，红茶及其多酚类物质能减轻体重，预防肥胖。此外，有研究认为，红茶降低体重、脂肪及血液中胆固醇含量的功效可能源于红茶在胃肠道中影响肠道感受器，进而抑制脂质和蛋白质的吸收。

四、防治神经退行性疾病

流行病理学调查报告显示，喝茶可以防治神经退行性疾病、降低患痴呆和抑郁症的风险。红茶中活性成分茶黄素能够减轻由神经毒素损伤的帕金森病小鼠神经退变与细胞凋亡。有科学家将 1966—2010 年间茶（主要为红茶）与帕金森病关系的 8 篇期刊文献与会议论文进行对比，发现喝红茶对帕金森病患者具有保护作用。另外，茶黄素与其他多酚（如儿茶素、绿原酸和咖啡酸）相比具有更强的抗炎作用，能够抑制炎症细胞因子的产生，防止树突状细胞萎缩和脊柱萎缩等有关大脑疾病的发生。

五、抗病毒、抗菌

目前最新研究证实，红茶中的茶黄素具有抗病毒和抗菌的作用，能够大幅降低诺如病毒等杯状病毒传染能力，茶黄素及其衍生物在体外对流感病毒等也表现出较强的抑制作用。另外，国内有研究表明，茶黄素对大肠杆菌、金黄色葡萄球菌表现出较强的抑菌效果，并与其浓度呈正相关关系，对口腔

中的龋齿菌——变链菌（变形链球菌、远缘链球菌）的生长及产酸（$P<0.05$）也有明显抑制作用，服用茶黄素相关的药物能达到一定的防龋效果。

红茶对人类疾病的功效还有待进一步的探讨和完善，随着现代药理学和分子生物学的快速发展，针对红茶的生物活性成分的研究将会取得更大进展，红茶及其提取物，以及红茶衍生产品将会受到更多的关注，并以更多样的形态进入我们的生活，改善我们的生活。

第二节　红茶在饮品上的应用

一、速溶红茶粉

速溶红茶粉是利用水作为溶剂萃取茶叶中的有效成分，如茶多酚、咖啡碱、氨基酸、维生素等，利用膜分离技术和高速离心设备，经喷雾干燥或冷冻干燥制成颗粒状或粉状的产品（图 6-1）。速溶红茶粉具有降血压、降血脂、降血糖、抗癌、抗氧化、抗衰老、抗艾滋病病毒等功效，已成为全球最受欢迎的饮品之一。

速溶红茶的生产主要包括原料处理、浸提、净化、浓缩、干燥和包装等工序。生产过程中还必须始终注意食品卫生安全，讲究经济效益。红毛茶和成品茶都可以加工成速溶红茶。

影响速溶红茶品质的因素众多。原料方面，加工速溶茶的原料无须考究外形，对内质的要求可因成品速溶茶品质的不同而异。原料选定后，进行粉碎处理，粉碎度掌握在 20 ～ 40 目为宜，过度粉碎将导致过滤困难，并且使浸提

图 6-1　速溶红茶粉

液浑浊不清。浸提对速溶红茶品质的影响主要包括浸提温度、浸提时间和液料比。浸提红茶时，水温可达 100℃，浸提液红艳明亮，香味浓郁；但对于冷溶性速溶红茶，其浸提温度应低于热溶性红茶，以 45 ～ 55℃较适宜。对浸提时间而言，宜短不宜长，沸水浸提的时间以 10 ～ 15min 为宜；浸提温度较低

时，可适当延长浸提时间。液料比是指每浸提 1kg 茶与所需用水的重量（kg）的比值。一般而言，液料比以控制在不超过 1∶20 为宜。

当前，为了提高速溶红茶的品质，一些现代化食品生产技术也被应用到速溶红茶加工过程中，如低温逆流萃取技术、膜分离技术、酶技术等，大大解决了速溶红茶产品滋味淡、香气低和冷溶性难等问题，极大改善了速溶红茶品质。

二、红茶饮料

茶饮料是一种饮用便捷，同时又兼具饮茶与饮料感觉的新型饮料。它是以茶叶的水提取液或其浓缩液、茶粉等为原料，经加工制成的保持原茶汁应有风味的液体饮料，可添加少量的食糖和（或）甜味剂。（GBT21733-2008 茶饮料）。据此，红茶饮料即以红茶的水提取液或浓缩液、茶粉为原料，经过萃取、澄清、风味调配、杀菌等工艺加工而成的新型饮料（图 6-2）。

图 6-2　红茶饮料

茶汤的萃取方式一般包括高温萃取、低温萃取、微波辅助萃取和超声波辅助萃取等工艺。高温萃取工艺是目前茶饮料生产中采用较多的一种方式，其最佳工艺参数一般为温度 80 ～ 90℃，时间 10 ～ 15min，料液比（茶水比）为 1∶30 ～ 1∶50。低温萃取工艺在温度的选择上范围较大，有的采用 50 ～ 60℃萃取工艺，有的选择接近室温（20 ～ 30℃）进行，还有的采用 5℃左右的冷萃取工艺。

为解决"冷后浑"的技术难题，保证红茶饮料产品的清澈透亮，需要充分利用不同的澄清技术来抑制和防止茶沉淀的形成。目前的澄清方法主要包括物理法、化学法和酶法，国内加工企业多采用物理法或化学转溶法以除去和抑制沉淀的形成。

茶饮料在风味调配时常选择甜味剂、酸味剂、香料、果汁和奶制品等多种原料，通过不同搭配形成丰富多彩的口感滋味，为获得较为均衡和舒适的口感，在调配过程中还必须考虑温度、浓度和酸碱度等各种因素对呈味特性的影响。

杀菌方面，有研究表明红茶中的不良气味来自不稳定的香气化合物经高温杀菌所产生的劣变。为此，超高压技术、高压脉冲电场技术等新兴技术被

应用到红茶饮料杀菌工艺中，其不仅具有良好的杀菌效果，而且能较好地保留食品的营养成分、色泽、风味和质构。

三、红茶新式饮品

新式饮品是以优质茶叶及其制品为主要原料，配以鲜奶或奶制品、水果或果汁、糖、香料、谷物、草本植物、豆类、酒、二氧化碳等辅料，经现场提取和调配混合而成的即饮茶饮料。因此，红茶新式饮品即以红茶为主要原料，经调配制成的即饮型红茶饮料。新式饮品的消费群体主要是年轻人，具有非常强的时尚性，因此，产品的种类迭代和发展非常快，不同品牌的产品名称也各具特色，产品类型多样。

1. 红茶奶茶系列产品

以发酵度较高的红茶为主要原料，配以鲜奶或高级奶粉、珍珠粉圆、布丁、椰果等材料，经现场泡制和加工而成的饮品。主要产品有大吉岭奶茶、阿萨姆奶茶、红茶拿铁等产品。其具有茶味浓郁、奶香持久、口感爽滑且香醇浓厚的特点。有的产品还将牛奶、芝士、动物奶油等打成奶沫漂浮在茶汤上面形成"奶盖"，奶汁和茶汤既可分开饮用，也可混合饮用，好喝且有趣。深受年轻人，特别是年轻女性消费者的喜爱（图6-3）。

2. 水果红茶系列产品

以具有特色香气的红茶为主要原料，配以相应的特色水果或混合水果，经现场加工和美化设计包装而成。主要有四季春、水果茶、百香果茶、金菠萝等各类花色产品。水果茶主要采用西瓜、苹果、香蕉等高香或具有特色风味的新鲜水果为配料，配以特色香型的红茶，经现场冲泡、调配和美化设计而成。水果茶既可弱化茶的苦涩味，又可增加茶饮料风味的丰富性和多样性，且具有更好的外观美感，非常适合对茶叶苦涩味敏感，而对色泽和外观特别讲究的年轻女性。

3. 混合红茶系列产品

产品以优质红茶和花、果、奶、芝士、可可等各种材料混合搭配而成，能

图6-3　红茶珍珠奶茶

改善传统红茶在香气浓郁度和丰富度方面存在的不足，具有较高的欣赏价值和别具新意的口感及丰富的营养价值，形成风味、外观色彩更为多样的产品，对年轻人的吸引力非常大。

第三节 红茶在食品上的应用

茶食品是一类利用绿茶、红茶等超微茶粉（或抹茶）、茶汁等原料，配以其他可食材料加工而成的食品。21 世纪以来，具有健康、天然、绿色概念的现代茶食品在我国得到快速发展，成为茶叶深加工利用的一个重要方向。

一、红茶糕点

1. 红茶蛋糕

将一定量的红茶粉加入到蛋糕中，可使蛋糕营养更全面，且更具独特风味。研究表明，海绵蛋糕制作过程中，加入 4.3% 4 000 目超微红茶粉，在 160℃条件下烘烤 29min 后，制作出的红茶海绵蛋糕组织细腻、口感绵软、风味诱人，回味和弹性都较好（图 6-4）。

2. 红茶面包

红茶加入面包中可以提高面包品质。研究表明，在面包粉中添加 2% 超微红茶粉，可以更好地改善全麦面包烘焙特性，提高面包抗氧化性、抑制淀粉消化特性。将超微粉碎的坦洋工夫红茶粉加入面包粉中，烘烤后得到的红茶面包组织更细腻，面包的色香味也有所提升（图 6-5）。

图 6-4 红茶蛋糕

图 6-5 红茶面包

3. 红茶饼干

将红茶加入饼干中，不仅可丰富饼干花色品种，还能赋予饼干营养保健功能。研究人员通过试验，得到红茶蓝莓饼干的最佳配方工艺为：蓝莓酱25g、黄油30g、红茶7.5g、低筋面粉150g、白糖45g、鸡蛋黄液20g，揉好面团醒发30min，底火150℃、面火180℃烘烤15min。制得的红茶蓝莓饼干酥松香脆、色泽较好且带有清香茶味。市场上的红茶类饼干有红茶蔓越莓饼干、红茶醍醐酥等。

二、红茶菜肴

民以食为天，以茶入食兼具营养和保健功效。将红茶加入米饭、粽子、馒头、面条、豆腐以及其他食材等原料中可以制作出新型食品。

1. 红茶米饭

利用红茶红叶、红汤的特点，制作别具色泽和风味的红茶米饭。其制作方法相对简单，首先取3～15g红茶，用500～1 000mL开水冲泡茶叶5min，然后滤去茶叶渣，将过滤的茶水倒入淘洗好的大米中烹饪即可；或者将茶叶入包，同米饭一起蒸煮也可。

2. 红茶豆腐脑

有研究以黄豆和红茶为原料，研制出了超微红茶粉末豆腐脑。其中采用葡萄糖酸-δ-内酯（GDL）作为凝固剂，红茶经超微粉碎处理得到超微红茶粉，其具有较好的固香性和溶解性，可以促进营养吸收。

3. 红茶蒸鲫鱼

将鲫鱼杀好洗净，撒上适量盐、味精、胡椒粉、料酒、葱姜，腌渍10min左右，然后将红茶开汤，茶汤沥尽，叶底一部分撒在鱼身上，一部分放入鱼腹；将鲫鱼入盘，上笼蒸熟取出；挑去葱姜、茶叶，倒入红茶汤适量，浇上热油即可。

4. 红茶煮蛋

将红茶同鲜鸡蛋一同下水烧煮，即可制作红茶茶叶蛋。因红茶香浓醇厚、苦涩味轻，煮出来的茶叶蛋香气浓郁，颜色鲜亮。而且红茶是经过发酵烘制而成，茶多酚在氧化酶的作用下发生酶促氧化反应，含量减少，对胃部的刺激也较小（图 6-6）。

5. 红茶手工面条

在面条加工过程中，添加适量的红茶超微茶粉，研制出超微红茶面条，具有新颖性和独创性，符合粮食制品营养和保健的消费趋势。同时红茶具有防腐、抗氧化等功效，能有效延长面条的货架期。有研究试制红茶面条，其加工工艺为：配料（一次性加入）、和粉（机械搅拌 15min）、熟化（10min）、复合（呈皮状）、连续压片、成形（呈丝状）、上架、进烘（烘干 4h）、冷却、切断、包装、成品。所制产品能体现红茶的茶味和茶香，属于保健型面条。

图 6-6　红茶煮蛋

图 6-7　红茶手工面条

三、红茶食品加工辅料

超微茶粉加工是将各类干茶叶（主要为绿茶和红茶）粉碎至 200 目（74μm）甚至达到 1 000 目（12μm）以上的茶叶超微细粉，是一种新型的茶叶深加工产品。由于茶叶具有多种保健及预防疾病的功效，因此，超微茶粉在食品加工中得到了广泛的应用。

超微红茶粉作为食品加工辅料除了应用于饼干、面包、蛋糕等烘焙食品，其还可应用于冷冻甜点。研究发现超微红茶粉平均粒径为 4 338μm，添加剂量为 10% 时，所制成的冰淇淋组织均匀、红茶香气明显、口感柔和。

第四节　红茶在日化产品中的应用

茶日化产品是指利用茶鲜叶、成品茶，或是茶园、茶厂的副产品、下脚料为原料，利用相应的加工技术制成产品并在日常生活中使用。将茶叶应用到日化产品的种类丰富，包括洗漱用品、家居用品、厨卫用品、装饰用品、化妆用品等。其主要特点是含有以茶叶的提取物为主。同理，红茶应用于日化用品的研究和开发也多基于添加红茶提取物，以迎合人们日益趋同的绿色健康消费理念。

一、红茶香皂

目前，将红茶或其提取物添加至香皂当中而制成具有保健功效的红茶香皂在网上平台随处可见（图6-8）。得益于红茶所富含的多酚类物质具有的抗氧化、杀菌、消炎等保健功效，且属于天然植物源成分，对人体肌肤无伤害，符合当下人们对健康和绿色产品的需求。

图 6-8　红茶香皂

二、红茶牙膏

图 6-9　红茶牙膏

研究人员提供了一种含有红茶的牙膏制备方法，其配方组成为：红茶提取物0.05%～0.2%，红茶香精0.2%～2.0%，摩擦剂25%～40%，保湿剂29.5%～41.5%，增稠剂0.65%～1.85%，发泡剂1.5%～4.0%，冬青薄荷0.05%～0.5%，红色染料0.01%～0.1%，糖精钠0.05%～0.35%，防腐剂0.2%～0.6%，亮白剂0.1%～0.5%，水25%～35%。试验表明，该红茶牙膏具有预防龋齿、去口臭的功效，兼具杀菌消炎的作用（图6-9）。

三、红茶护肤液

有厂家开发出一种添加红茶提取物的日常皮肤护理液，其主要组成成分包括红茶提取物、石榴皮提取物、枸杞提取物、清香树叶提取物、茶树油、漆树籽核仁油、妥尔油脂肪酸、多元醇和去离子水。该护理液通过原料复配发挥协同作用，易被皮肤吸收利用，能滋润、滋养、修护皮肤、缓解皮肤干燥，还能清除自由基、抑制黑色素和抗皮肤氧化，效果显著，是一种安全有效的护肤品。

另一技术方案提供了一种红茶美白修复原液，按质量计，透明质酸钠3%～16%，多元醇0.5%～16%，尿囊素5%～15%，葡萄籽提取物0.1%～10%，酵母发酵产物滤液0.1%～10%，红茶提取物0.1%～15%，蜂胶提取物0.1%～12%，增稠剂1%～15%，余量为水。所制成的美白修复原液对皮肤具有一定的保健作用，长期使用可改善皮肤炎症，尤其适用于脸部有粉刺、痤疮等人群。

此外，还有技术方案提供了一种具有抗蓝光、抗氧化、美白、舒缓等作用的产品，包括以下组分：茵陈蒿提取物、桑树皮提取物、红茶提取物、白薇提取物、小果咖啡籽提取物。该产品既具有抗蓝光作用又具有抗氧化、美白和舒缓晒后肌肤的作用。

四、红茶化妆水

将红茶提取物及其他植物精华复配而衍生出的各种化妆水产品层出不穷。红茶提取物富含的多酚活性成分可以对抗外界氧化侵袭，清除自由基；同时，还可抵御胶原蛋白及弹力蛋白的流失，有效预防黑色素形成，从而使肌肤焕发年轻质感和通透光泽。试验表明，使用红茶抗皱紧致修护品后肌肤可变得水润剔透，时效长达6h，使得肌肤紧致、弹性提升、光泽饱满。

五、红茶沐浴乳

目前，将红茶应用于沐浴洗涤用品的研究和产品也较常见，其主要也是应用红茶提取物和其他植物源提取物复配混合，然后加入沐浴露成分，从而使得沐浴成品含有较多的活性因子，以达到较好的护肤和健康功效。此外，为满足高品质生活需要，有研究将红茶、椰壳活性炭和亚硫酸钙设计成不同的包层应用于家庭淋浴过滤装置，可以起到对淋浴用水进行过滤、杀菌和增强抗氧化性等多重功效。

六、红茶洗发水

洗发水是一种具有清洁头皮和头发功能的日常洗护用品，其中含有多种功能成分，目前大多数的洗发水，或多或少都含有化学物质，这些物质虽然能起

到不同的洗涤作用，但也会存在一定的副作用。随着大众对健康理念认知的不断深入以及对绿色生活的不断追求，那些天然无公害植物源产品日益受到人们

的青睐。这其中的红茶提取物也被应用到洗发用品中，以满足不同消费需求（图6-10）。公开资料显示，利用红茶、花草、树叶和果皮等植物源提取物复配而成的洗发水成为一种新生产品，其中的红茶提取物一般占质量百分比的1%～3%（15～35g）。红茶中的多酚类化合物具有消炎的作用，研究表明，儿茶素能与单细胞的细菌结合，使蛋白质凝固沉淀，并借此抑制和消灭病原菌，促进头皮健康。

图6-10　红茶洗发水

第五节　红茶创新产品

近年来，随着茶产业的高质量发展，六大茶类融合度越来越高，红茶工艺与其他茶类工艺也进行了交叉融合，衍生了一系列红茶新产品。

一、桂花红茶

桂花香味持久稳定，是传统的香花植物，在浙江各地均有栽种，并且可以食用。近年来，借鉴花茶的工艺，用桂花窨制各种茶叶也越来越受消费者欢迎。常用的桂花品种主要四个品类，包括金桂、银桂、丹桂和四季桂，其中金桂和银桂窨制茶叶的较多。桂花红茶的加工借鉴了茉莉花茶工艺，但由于桂花花朵较小，一般不进行筛花，其基本工艺流程如下：

茶坯复火→茶花搅和→拼堆窨制→通花散热→干燥→（提花）→整理装箱

以窨制的前一天进行茶坯复火为佳，茶坯复火温度70～90℃，时间15～30min，含水量控制在6%以下，并且复火后需冷却摊凉后再和桂花拌和。茶花要翻拌均匀后，聚拢打堆窨制，堆高20～40cm。

一窨或一窨一提的下花量为 20% ~ 30%，提花 5%；如采用二窨一提，总花量不超过 40%，其中一窨下花量为总花量的 80%，二窨下花量为总花量的 15%，提花 5%。下花量过多，成品茶容易出现桂花的蒂味，下花量过少则成品茶容易香气不足。以桂花出现萎蔫状，花色微微转向暗褐，即为窨制适度，时间一般在 3 ~ 4h，堆温达 40℃时要进行通花散热。干燥方式常采用热风干燥、石灰吸干等，热风干燥时宜低温慢烘，保持花干鲜活，干燥温度 80 ~ 90℃，时间 15 ~ 25min；石灰吸干方式可将窨制时间减短至 1 ~ 2h，花与茶薄摊于无纺布垫或细纱布垫上，厚度 2 ~ 3cm，垫子下面摊放石灰，厚度 5 ~ 10cm，一般 2 ~ 3d 即可（图 6–11、图 6–12）。

图 6–11　鲜桂花与红茶拌和

图 6–12　桂花红茶

二、蜡梅红茶

蜡梅即腊梅，香气悠长清雅，可入药，花可以食用。蜡梅花茶在贵州、四川等地区较盛行，近年来在浙江也开始有一系列蜡梅花茶系列产品上市，其中就有蜡梅红茶。蜡梅红茶的工艺同桂花红茶一样，也是借鉴茉莉花茶工艺，其基本工艺流程如下：

茶坯复火→茶花搅和→拼堆窨制→通花散热→干燥→冷却→（提花）→整理装箱
　　　　　　↑＿＿＿＿＿＿＿转窨＿＿＿＿＿＿＿＿＿＿＿

茶坯复火、茶花搅和、拼堆窨制同桂花茶操作方法一样，茶坯复火烘焙，控制含水量在 6% 以下，茶叶和蜡梅翻拌均匀后，聚拢打堆窨制，堆高不超过 30cm。

一窨且不起花工艺的蜡梅花与茶的比例以 1：5 较佳，而二窨、三窨等多次窨制工艺且起花的下花量为40%～100%，同时可以提花，提花量一般为2%～5%。蜡梅花为气质花，窨制时需及时通花散热，堆温不宜超过30℃，窨制时间10～30h，随花开程度适时调整，以蜡梅花完全盛开、呈萎蔫状为宜，如采用石灰吸干方式，可以窨制、吸干同时进行。窨制结束后，干燥方式可以选择热风烘干或石灰吸干。热风烘干的温度宜低不宜高，遵循"温度高时间短，温度低时间长"的原则，根据茶叶含水量可以两次烘干，不起花工艺的干燥温度以50℃左右为宜，花干颜色较鲜活；起花工艺的干燥温度不宜超过80℃，时间在0.3～1.5h。采用石灰吸干方式时，一般先窨制2～3h后即可放入石灰吸干，花与茶薄摊在无纺布垫或细纱布垫上，厚度2～3cm，垫子下面摊放石灰，厚度5～10cm即可，时间一般3～4d（图6-13、图6-14）。

图 6-13　蜡梅鲜花与红茶拌和　　　　图 6-14　带花干的蜡梅红茶

三、茉莉红茶

茉莉红茶是以红茶为茶坯与茉莉花窨制而成的。茉莉红茶窨制过程中含水量上升较慢，堆温低，有利于保持鲜花的生机，促进红茶特有的甜香与茉莉花香气结合，形成特有的茉莉红茶花香。茉莉红茶加工工艺借鉴传统茉莉花茶工艺，基本工艺流程如下：

```
                           养花
                            ↓
茶坯复火→茶花搅和→拼堆窨制→通花散热→起花→干燥→冷却→(提花)→整理装箱
                            ↑_____转窨
```

  茉莉花是气质花，采摘的都是花骨朵，需先进行养花，开始吐香时再与茶叶进行窨制。养花时，要控制好水分和温度，不宜把当天采摘的茉莉花放在通风处，过快散失水分，也不宜将采摘的花较长时间的堆在一起，要薄摊散热，控制堆温38～42℃，有利于茉莉花的开放吐香。开放率达到90%时即可与茶叶进行拌和，拼堆窨制堆高25～40cm，当堆温达到45～48℃时需及时通花散热，待茉莉花萎蔫、花色转微黄即可起花，一般头窨时间11～12h，二窨10～11h，三窨9～10h，每窨次时间依次递减1h。干燥时一般采用热风烘干，烘干温度90～110℃，头窨温度高，逐窨降低，厚度2～3cm，时间10min左右。在下花量控制方面，一窨一提时一般下花量30%，提花7%；二窨一提时总下花量一般70%，头窨下花量36%，二窨下花量27%，提花7%；三窨一提时，一般总下花量要达到100%，头窨下花量36%，二窨下花量30%，三窨下花量27%，提花7%。总下花量需随着次增加而增加，每次下花量依次递减，但提花一般7%即可。此外，也可用代代花或玉兰花打底，一般配花量不超过1.5%（图6-15、图6-16）。

图6-15 养好的茉莉鲜花

图6-16 茉莉花与红茶拼堆窨制

四、橘香红茶

橘香红茶也被称为小红柑、小青柑陈皮红茶、小青柑红茶、橘红茶等，是橘类果皮与红茶结合开发的一种红茶新品。近年随着小青柑茶的盛行，橘香红茶也受到了市场的欢迎。橘香红茶加工工艺借鉴小青柑茶的加工方法，其基本工艺流程如下：

选果→清洗→顶部开口→挖肉→洗皮→晾干→填茶→烘焙→成品包装

橘子果实以青果或成熟红果均可，不同成熟时期的橘皮与红茶结合，成品茶风味也各有特色。橘子果实宜用新鲜的，同一批次最好选取大小一致的，便于后面的填茶量控制和包装。不论是青果还是红果，带病斑的、坏的、干瘪的都不宜选用。顶部开口和挖肉用特定的工具，目前大多数还是手工操作。果肉挖干净后，需要再次对果皮进行清洗，然后晾干水分。填茶量根据果大小而定，填满为止，不宜填茶太紧，也不宜装太少壳内还有空隙。烘焙分为杀青和干燥两步，杀青宜高温快杀，温度80～85℃，时间20～30min，果皮颜色刚刚变为黄色为宜。干燥宜低温慢烘，温度不超过50℃，时间5～7h，可以多次烘，直至含水量≤13%（图6-17、图6-18）。

图 6-17　灌满红茶的青果

图 6-18　包装好的橘红茶

五、红茶紧压茶

红茶紧压茶类型较多，有发花后压制和直接压制两种，有单一红茶压制，也有和其他花、陈皮拼配红茶后压制，形状有巧克力形、砖形等造型。经过发花后再进行压制的饼茶，发花工艺是参照茯茶的发花工艺。近年来，红茶紧压茶在云南省、福建省、湖北省、浙江省等地均有少量生产，云南省主要是利用晒红毛茶进行压饼，其他地区多为工夫红茶毛茶再加工。红茶紧压茶基本工艺流程如下：

红茶毛茶→拼配整理→（加水搅拌）→称料蒸茶→压制定型→冷却→（发花）
→干燥→成品包装

　　用来加工红茶紧压茶的毛茶一般是条形红毛茶，红碎茶特别是 CTC 不适宜加工成红茶紧压茶。在进行红茯茶加工时，一般在毛茶拼配整理后需要进行加水搅拌，该步骤主要是提高茶叶含水量，为后续发花做准备。称料主要是根据后面成品茶重量称取毛茶量，蒸茶是靠高温蒸汽使毛茶变软，便于压制定型，一般蒸汽温度最高可达 150℃ 左右，时间根据压制的不同茶量，一般控制在 10 ～ 40s，茶量多的蒸茶时间长，茶量少的，蒸茶时间短。压制定型主要靠压力和磨具，模具种类比较多，有圆饼形、砖形、巧克力形等。在进行砖茶加工时，冷却后还需要进行装筐，把压制后的茶砖取出，进行修整，边角修平整后转入磨具筐内进行冷却；饼茶加工时，冷却后压制好的茶饼不需取出修整，直接连同压制时的布袋一起冷却。冷却后，不发花的，可以直接进行干燥，干燥一般在烘房内完成，温度控制先低后高，均衡升温，并且注意排湿，烘房起始温度 30℃，最高不超过 65℃，在烘时间约 8d，烘至含水量 ≤ 13.0%（计重水分 ≤ 12.0%），出烘包装。红茯茶加工时，冷却后，要进行发花，在烘房里完成，进入有冠突散囊菌的烘房后，要及时调控烘房温、湿度，以利于冠突散囊菌的生长。一般发花时，烘房温度控制在 28℃，相对湿度保持在 75% ～ 85%，发花时间一般为 12d 左右；后进入干燥期，干燥期为 5 ～ 7d，干燥期也是均衡升温，最高不超过 45℃，烘至标准水分即可出烘房包装（图 6-19、图 6-20）。

图 6-19　玫瑰红茶饼茶正面

图 6-20　桂花红茶饼茶背面

第七章
红茶文化

一、泡茶用水的选择

"水为茶之母"，一杯"茶"只有通过"水"的冲泡才能形成。中国茶叶品类及花色品种丰富多彩，其独特风格是由茶叶中的相关化学成分含量与构成决定的。由于水中常带有一些影响茶叶风味成分释放和转化的物质，因此，不同的茶叶应该配以相应的水质，采取"依茶配水、因人配水"的原则，在了解水质主要影响因子及其机制的基础上，根据不同茶叶的品质特点，可以通过不同水质的选用来调整茶汤的风味，以适应不同消费者的需求。对于一般消费者而言，冲泡红茶采用纯净水、蒸馏水是一种简单而可行的选择，能较好地体现红茶的风味；对于要求较高的茶叶爱好者、发烧友而言，可以考虑采用天然泉水、天然饮用水或天然矿泉水，能更好地展现红茶的风味品质。

二、泡茶器具的选择

"器为茶之父"，茶具的选择对泡茶非常重要。日常生活中以陶质、瓷质、玻璃三类材质的泡茶器具最为常见。红茶的主要品质特征是香气高，汤色红艳明亮，滋味浓郁，富有较强的刺激性。若泡饮工夫红茶，需要的水温较高，宜选择保温性较好的器具，如壁较厚的白瓷杯、白底红花瓷、各种红釉瓷的壶杯具、盖碗、粗瓷，或材质孔隙大、吸水率较强的陶器、内壁上白釉的紫砂器。

　　完整的一套红茶茶具包括投茶、冲泡、出汤、分杯、品饮等器具（图7-1），其中用盖碗冲泡的茶具包括茶则、茶荷、茶巾（图7-2），盖碗、公道杯（图7-3），茶漏、茶洗、品茗杯（图7-4）。

图7-1　盖碗红茶茶具全套

图7-2　左茶巾右茶则、茶荷　　　　图7-3　左为公道杯，右为盖碗

图7-4　中间茶漏、左为茶洗、右为4只品茗杯

三、红茶的冲泡方法

泡茶是令茶叶成为适宜饮用茶汤的过程。具体说，是指用开水浸泡茶叶时，通过器具选择、水温调节、时间控制及冲泡手法变化，令茶叶中的呈味物质充分溶于水，并成为色、香、味俱佳饮品的过程。红茶中含有多种可溶性成分，溶出量的多少以及各种成分的溶出比例，是导致茶汤色、香、味差异的原因。茶叶中呈香、呈味物质的溶出量以及比例关系受到茶水比例、泡茶水温、冲泡时间、冲泡次数的综合影响，俗称"泡茶四要素"。

1. 茶水比例

茶水比例是指投茶量与茶具容水量的比例，具体数值视茶类、茶的等级、个人品饮习惯而定。通常情况下，红茶水比为 1∶50，对于口感较重的人可增加冲泡器具的容积。虽然干茶占冲泡器具的比例不一样，冲泡之后，茶叶舒展的叶底约占冲泡器的七成至九成容积，其茶水比为1∶（20～30）。

冲泡时茶叶比较细嫩时用量可多一些，中低档茶用量少一些。另外投茶量因人而异，"老茶客"一般喜喝浓茶；无喝茶习惯者，怕喝茶兴奋不易安睡，喜喝淡茶。对前者可增加投茶量或延长第一泡时间，而后者宜减少投茶量或缩短冲泡时间。

2. 泡茶水温

在茶水比例与冲泡时间相同的情况下，茶叶中各种内含物在茶汤中的溶解度受水温的影响很大。不同的内含成分在不同的冲泡温度下溶出速率不同。红茶一般用沸水进行冲泡。红茶为全发酵茶，低温无助于色、香、味形成。

冲泡备水时还要根据季节气候、冲泡器具质地和冲泡程序繁简而灵活调控，关键是令冲入容器时的水温能达到前述各茶类冲泡的水温要求。一般夏天备水时温度可低一些，冬天则高一些；未经预热的泡茶器具及容易散热的容器宜高些，反之则低一些；冲泡之前程序较繁，所备之水将会久置，故初备水时温度宜高一些，必要时附加煮水炉以保持水温。

3. 冲泡时间

冲泡时间直接决定茶汤的浓度。为品尝到红茶特有的风味，用杯泡或盖碗泡时，第一道茶宜冲泡 2～3min，此时红茶风味最佳。一般来说，续水再品时对冲泡时间并无特别精确的规定。

4. 冲泡次数

从科学泡茶的角度来说，从第一道到第三道茶汤色泽可以控制得较为一致，但细细品尝其滋味却各不相同。对于大多数红茶而言，冲泡三到四次风味基本已尽，再续水冲泡只是解渴罢了。冲泡次数并无硬性要求，视品饮者需要而定。

第二节　红茶茶艺

一、用具

由于要充分体现红茶"红汤、红叶"的品质特点，大多用瓷质洁白的茶壶或盖碗来泡饮，其容量 250 ～ 300mL。另外，还需赏茶盘（茶荷）、茶巾、茶匙、奉茶盘、茶滤、热水壶、茶道具等。

二、基本程序与含义

1. 赏茶观色

将茶叶放入茶荷或是赏茶盘中鉴赏（图 7–5）。上好的红茶，一般外形匀齐，或紧结肥壮，或金毫满披，外观色泽并非人们常说的红色，而是乌黑油润。芽叶越细嫩制得的红茶干茶色泽越乌润。嗅其干香，有果甜香气。

图 7–5　赏茶观色

2. 温壶热杯

将热水壶中用来冲泡的水经加热至微沸，壶中上浮的水泡，仿佛"蟹眼"。然后，用此初沸之水，注入瓷壶及杯中，轻轻缓缓晃动，为壶、杯升温净具（图 7-6）。目的是提高茶壶温度，有助于茶性更好的发挥。

图 7-6 温壶热杯

3. 投茶

用茶匙或茶则将茶荷或赏茶盘中的红茶轻轻拨入已经温好的壶或盖碗中（图 7-7）。颗粒形或条索细小的工夫红茶一般用茶匙将茶叶从茶叶罐取出，直接投入已经温好的茶壶内；而条形粗大的茶叶，需要用茶匙或茶则将茶叶拨入壶内，这样既不折断茶条，又动作美观。

4. 悬壶高冲

这是冲泡红茶的关键。冲泡红茶的水温要在 100℃，刚才初沸的水，此时已是"蟹眼已过鱼眼生"，正好用于冲泡。而悬壶高冲（图 7-8）可以让茶叶在水的激荡下充分浸润，以利于红茶色、香、味的充分发挥。茶叶浸泡 2～3min 即可。

图 7-7 投茶   图 7-8 悬壶高冲

5. 斟茶备饮

将茶滤放在公道杯上（图7-9），将瓷壶中浸泡适时的茶汤倒入公道杯中。倒出茶汤时，茶壶宜放低，距离公道杯要近。一是为了减少茶汤热量散失，保持茶汤的热饮口感；二是防止茶汤溅出，或因茶汤高冲产生泡沫，影响美观和意境。当茶汤倒至不能形成水流时，将壶里的茶汤尽数倒入公道杯里，已出尽茶之精华。

6. 分杯敬客

采用循环斟茶法，将壶中之茶汤均匀地分入每一个品茗杯中（图7-10），使杯中之茶的色、香、味一致。将品茗杯端起，在茶巾上吸干水渍，再放上杯垫双手奉给客人，为避免洒出茶汤，宜将茶杯放在客人面前的桌子上，而尽量不要让客人用手去接。

图7-9　斟茶　　　　　　　　　　　图7-10　分杯

7. 喜闻茶香

一杯茶到手，先要闻香（图7-11）。上好的工夫红茶香气浓郁高长，夹杂着一股幽幽兰花之香。

8. 观赏汤色

工夫红茶的汤色红艳明亮，杯沿有一道明显的"金圈"——主要由茶汤中的茶黄素和茶红素构成。茶汤的明亮度和颜色表明红茶的发酵程度和茶汤的鲜爽度。再观叶底，嫩红明亮（图7-12）。

图 7-11　闻香

图 7-12　观赏汤色和叶底

9. 品尝茶韵

闻香观色后即可缓啜品饮（图 7-13）。工夫红茶以鲜爽、浓醇为主，与红碎茶浓强的刺激性口感有所不同。滋味醇厚，回味绵长。一泡之后，可再冲泡第二泡茶。继续品尝茶香茶味。红茶通常可冲泡三次，三次的口感各不相同，细饮慢品，徐徐体味茶之真味，方得茶之真趣。

图 7-13　品饮

10. 收杯谢客

鲁迅先生说过："有好茶喝，会喝好茶，是一种清福。"红茶性情温和，易于交融，因此，通常用之于调饮。工夫红茶同样适于清饮，而且清饮更能领略工夫红茶特殊的香气，领略其独特的内质、隽永的回味、明艳的汤色。

第八章
红茶评选与金奖产品

第一节　浙江红茶评比

一、浙茶杯

自 2013 年开始浙江省每年举办"浙茶杯"优质红茶推选活动，已经走过 11 个年头。该活动由浙江省农民合作经济组织联合会（以下简称农合联）、浙江省茶叶产业协会、浙江茶业学院、浙江微茶楼文化发展协会（前七届主办方）联合主办，中国茶叶拍卖交易服务有限公司（以下简称中茶拍）承办。

浙江是绿茶大省，但是浙江的红茶产量、产值及市场影响力一直不及毗邻的福建、安徽等省份，特别是 21 世纪以来，国内红茶市场消费风靡，以福建闽北红茶为代表，滇红、祁红为传统优势品种基本瓜分了全国内销红茶市场，而在历史上有较好声誉的浙江越红，市场受挤压，产业发展缓慢，业界有识人士时有呼吁，也纷纷献计献策。浙江省政府于 2012 年、2014 年相继发文《关于提升发展茶产业的若干意见》《关于促进茶产业传承发展的指导意见》，都明确要求浙江茶产业发展要丰富茶类品种，提高红茶品质，提升红茶品牌的市场知名度。浙江省委、省政府有关领导十分重视浙江红茶产业发展，多次指示要求中国茶叶拍卖交易服务有限公司用好平台功能，为浙江红茶产业发展，更好提高茶农的经济效益服务。

浙江省供销合作联合社以服务茶产业为己任，提议由省农合联，会同浙江省茶叶产业协会以及学术界共同主办"浙茶杯"优质红茶的推选活动，并由中茶拍公司承担技术性日常工作。为此，中茶拍公司成立了专项组开展工作，首先对全省的红茶产业摸底调研，倾听产业意见，相继制定了《浙江省"浙茶杯"红茶推选活动管理办法》和《审评规则》，向行业专家发出邀请组建评审专家库。坚持"公开、公平、公正"的原则，努力做到对每一个送样企业负责，对每一份样茶负责的态度，做好本项工作。通过连续九届的全省优质红茶推选活动，对全省送样红茶的品质大数据的当年对比、历年对照，基本清晰反映了浙江近十年的红茶发展，展示了浙江茶企、茶人在改良茶树品种、强化浙红越红品牌、提升红茶加工技术、提高红茶品质方面所做的努力，并取得了卓越的成效（图8-1、图8-2）。

图8-1　主办单位在评选前动员并与各位评审　　　　图8-2　感官审评
专家交流

（一）参赛企业情况

活动开展以来，得到茶企的积极响应。如图8-3所示，2013—2021年间，参赛企业数量在64～133个，其中最多的为2013年，送样数量达133个；最少年份是2017年，送样数为64个；2018年后，随着全省优质红茶推选活动得到茶企的认可，送样量稳步提升。

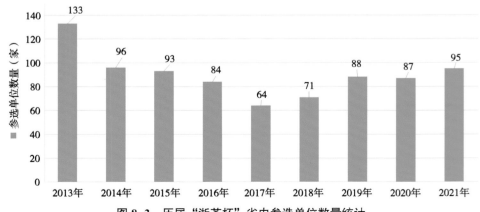

图8-3　历届"浙茶杯"省内参选单位数量统计

（二）历届参选单位所属区域分布

如表 8-1 所示，历年来合计参选单位 811 家，其中丽水、宁波、杭州、温州送样单位名列前茅，反映了这些地区是浙江的重点红茶产区。

表 8-1　参选企业区域分布

	2013年	2014年	2015年	2016年	2017年	2018年	2019年	2020年	2021年	合计
杭州	13	11	8	9	13	9	10	9	17	99
宁波	17	3	3	17	7	16	17	23	13	116
温州	14	12	10	9	3	9	13	5	6	81
绍兴	9	6	6	7	4	9	9	10	13	73
湖州	3	9	7	2	2	0	5	6	4	38
嘉兴	0	1	2	1	2	1	0	1	0	8
金华	12	4	7	2	3	3	1	5	2	39
衢州	7	5	9	3	2	4	3	6	3	42
舟山	3	2	0	0	0	0	0	0	0	5
台州	5	7	5	9	7	3	8	10	14	68
丽水	50	36	36	25	21	17	22	12	23	242
累计	133	96	93	84	64	71	88	87	95	811

（三）历届感官品质审评分差值比较

从评审外形和茶汤的主要指标看（图 8-4、图 8-5），通过近十年全省红茶推优活动，企业送样的品质差值进一步下降，从原来的品质的参差不齐，到现在的品质的基本相当。可以说，红茶推选活动有力推动了全省红茶生产的提质增效。

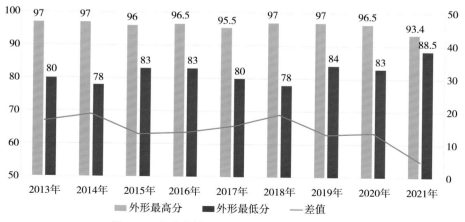

图 8-4　参选茶样感官（外形）审评分值比较

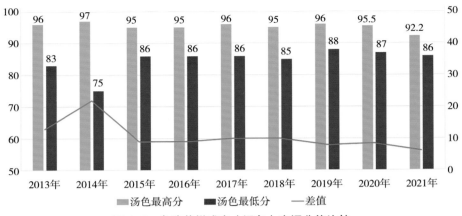

图 8-5　参选茶样感官（汤色）审评分值比较

（四）农残抽查检测合格率 100%

每年对获得金银奖的茶样做农残检测，送检样品全部合格。2016 年，还对 12 只茶汤浓艳的茶样送实验室做柠檬黄、胭脂红、苋菜红、日落黄、亮蓝、赤藓红等色素项目检测，全部未检测出异常。浙江茶叶企业在农药的管理上严格按要求使用，消费者可以放心饮用浙江茶叶。

（五）茶企获奖情况

连续九届评选活动，通过审评专家严谨评审共产生荣获"浙茶杯"优质红茶推选活动金奖的企业 47 家，荣获银奖的企业 71 家。从 2018 年开始，为了鼓励更多优秀企业参评，提高浙江红茶品牌美誉度，主办单位决定给三次以上荣获"浙茶杯"优质红茶推选活动金奖的企业颁发浙江"名红茶"称号的奖牌和证书。

二、宁波市红茶质量推选活动

宁波市红茶质量推选活动以赛推精，着力发掘和推选宁波高品质红茶，通过广泛征集和专家评审等环节，最终定档分级，设定红茶特等奖、金奖、一等奖、二等奖若干，并推荐金奖红茶参加"中茶杯"红茶评比，旨在扩大宁波红茶知名度和影响力。该活动每两年举办一次，自 2013 年宁波市林业局举办首届红茶评选以来，截至 2023 年已连续举办 6 届（图 8-6）。数年间，参赛企业不断增加，送审样品越来越多。据统计，2023 年第六届红茶产品质量推选活动共收到全市 61 家茶叶企业、合作社、家庭农场所选送的 73 个有效红茶茶样，为历届之最。活动规模不断扩大，专业性越来越强，评审组专家由中华全国供销合作总社杭州茶叶研究院、浙江大学、浙江省农业农村厅、福建省茶叶协会、福建省农业科学院茶叶研究所等省内外单位权威专家组成，以确保专业性和公正性。此外，活动实效和影响力也得到显著提升，涌现出了以宁海县望府茶业有限公司、宁海县晶源茶业专业合作社等为代表的高品质红茶加工主体；经推选的望府金毫，获第十届"中茶杯"全国名优茶评比红茶类特等奖，有效带动了宁波红茶高质量向前发展。

图 8-6　红茶评审现场

三、温州早茶节红茶评选

温州市政府于 2003 年举办首届温州早茶节，至今已有二十周年，2009 年被浙江省农业厅评为"浙江省十大农事节庆活动"，每年进行名优早茶评选活动。随着红茶的兴起，2010 年开始有企业选送红茶参评，至 2023 年共有 52 只红茶获得温州市名优茶评比金奖（图 8-7）。

图 8-7　温州早茶节评比活动

四、"龙泉红"斗茶赛

龙泉市自 2017 年"龙泉金观音"红茶斗茶赛开始（2019 年更名为"龙泉红"斗茶赛），连续八年举办红茶斗茶赛活动。由全市茶叶加工企业、合作社、家庭农场、种植大户送茶样参赛。红茶评比分品种红茶、野生红茶，品种红茶又分名优红茶、大宗红茶。比赛邀请全国知名评审专家若干名组成评审组进行审评。评比视样品数量设金奖、银奖、优胜奖，比例根据参赛茶样的总体水平而定，获奖单位由龙泉市农业农村局颁发奖牌和证书并给予一定的奖金奖励（图 8-8）。

斗茶现场　　　　　　　　　　　　　　　比赛颁奖

专家审评　　　　　　　　　　　　　　　群众审评

图 8-8　龙泉红茶斗茶赛

第二节　红茶产品选介

一、杭州市

（一）九曲红梅（图 8-9）

九曲红梅产于钱塘江畔，杭州西南郊的周浦乡。清末民初，杭州所产红茶颇有名气。徐珂在《可言》中说："杭茶之大别，以色分之，曰红，曰绿。析言之，则红者九：龙井九曲也、龙井红也、红寿也、寿眉也、红袍也、红梅也、建旗也、红茶蕊也、君眉也。"弘一法师有诗称赞"白玉杯中玛瑙色，红唇舌底梅花香。"当代茶圣吴觉农先生评价九曲红梅茶"杭州之红茶，色、香、味亦极优，惜价格太高耳。"

太平天国期间，十三户农民上大坞山躲避战乱，因有制作红茶的经验，所制红茶品质优异，为沪杭一带茶商所赏识，高价收购，以至闻名于市，名声也日渐扩展，在民国时期各地茶商争相购买，行销上海、杭州、苏州等大中城市。

"九曲红梅"以一芽一、二叶标准原料制作，经杀青、揉捻、发酵、干燥（烘焙）而成。九曲红梅茶外形细紧弯曲，形如鱼钩、细如发丝，金毫显露，色泽乌润；香气浓郁持久，有清如红梅的特征；滋味鲜浓醇爽，风韵独特，汤色明亮红艳，色、香、味、形俱佳。

九曲红梅是浙江传统名茶中少有的红茶，有"万绿丛中一点红"之称。1915 年惊艳美国巴拿马万国博览会，1926 年获美国费城世博会甲等大奖，1929 年获首届西湖博览会金奖，2004 年获杭州十大名茶，2009 年"九曲红梅红茶制作技艺"列入浙江省非物质文化遗产。到 2021 年，九曲红梅茶种植面积 1 500 亩、产量 30t、产值 2 000 万元，主销江浙沪等地。

（杨宇宙）

图 8-9　九曲红梅

（二）芦茨红茶（图 8-10）

芦茨红茶产于桐庐县富春江镇芦茨村。芦茨红茶据传创制于明朝年间，因得刘基（伯温）点拨而扬名，早在明清时期已闻名于市。据《浙江茶叶》（1985 年版）中《浙江茶叶贸易》一文载："清、民国期间……桐庐芦茨生产的红茶，为国内市场畅销的内销茶"。进入 21 世纪后，芦茨红茶恢复创制。

芦茨红茶采摘标准为一芽一叶，高端者为一芽。加工流程为薄摊凉青、适度萎凋、适中揉捻、轻度发酵、初烘保质、复烘提香。毛茶精制后的商品茶分极品、特级、一级。芦茨红茶形细紧、色乌润、显金毫，汤色红亮，叶底红明，甜香浓郁，滋味鲜醇。其中杭州桐庐大自然茶业发展有限公司出品的"芦茨红"红茶曾获上海世博会名茶评优红茶类优质奖、浙江绿茶博览会金奖、杭州优质红茶等称号。到 2021 年，芦茨红茶有生产基地 0.38 万亩，产量达 35t，产值 0.45 亿元，主销杭州、上海、北京等地。

（姚福军）

图 8-10　芦茨红茶

（三）径山红茶（图 8-11）

径山红茶产于浙江省杭州市余杭区。清末民初，余杭径山已有红茶生产，在 2010 年左右，以杭州银泉茶业有限公司、杭州余杭王位山茶叶园区有限公司、杭州径山五峰茶业有限公司为代表的茶企对红茶产品进行了改良创新。

径山红茶主要采用鸠坑、迎霜、翠峰等品种，采摘一芽一叶、一芽二叶初展原料，按照萎凋—揉捻—发酵—初烘—回潮—复烘等工序加工。其品质特征为外形条索细紧显毫，汤色红明亮，香气纯正有花果香，滋味醇爽，叶底红明。目前径山红茶有"银泉金毫""径心""五峰""王位山"

图 8-11　径山红茶

等多个知名企业商标。产品曾获第二届世界红茶产品质量推选活动金奖、第十届中国国际茶业博览会金奖、"浙茶杯"优质红茶金银铜奖、杭州市红茶金奖等称号。其中，"径心"径山红茶因连续3年获评"浙茶杯"优质红茶金奖，而于2022年获"浙江名红茶"称号。目前，径山红茶年产量达65t，产值0.65亿元。

（卢健）

（四）三清飘香工夫红茶（图8-12）

三清飘香工夫红茶产于萧山区戴村镇，由杭州萧山九清农业开发有限公司于2016年创新研制生产。三清飘香工夫红茶选用清明时节的优质高山群体种为原料，经数年不断摸索调整工艺，产品日臻成熟完善，品质以"外形紧结乌润，香气馥郁持久，汤色橙红明亮，滋味鲜爽甘甜"见长，深受新老客户好评，同时也获得专家的肯定。于2021年入选省"千万工程"品鉴用茶，2022年获得萧山区首届优质红茶评比金奖，荣获第四届杭州名茶评选杭州市红茶金奖、第十届"浙茶杯"优质红茶评比银奖。目前年产红茶约2 000kg，产值逾200万元。

（蒋炳芳、陈巧红）

图8-12　三清飘香工夫红茶

（五）寺坞岭高山红茶（图 8-13）

寺坞岭高山红茶由杭州萧富农业开发有限公司于 2016 年开始开发创制，属于萧山新时代新阶段首批"有红有绿"的拓荒成果。出产于海拔 528m 的三江口高山茶园，茶园雾气充盈，风景秀丽，面积 102 亩，主要采用鸠坑群体种，按照萎凋 – 揉捻 – 发酵 – 初烘 – 摊凉 – 复烘 – 分筛 – 风选工艺生产。结合本地茶客品茶习惯，对"发酵"工序进行把控，所制红茶较福建武夷山、安徽祁门等地产出的红茶更添鲜爽口感。以一芽二、三叶采摘标准为制作原料，4 月上旬、中下旬各采制一批，其品质特征为条索细紧，略带金毫，色泽乌润，香气甜香带花香，汤色红艳透亮，滋味甜爽回甘，叶底柔软红亮。产品曾获 2022 年"浙茶杯"优质红茶优胜奖，2022 年萧山区首届优质红茶评比金奖。近三年公司红茶年均产量约 950kg，年均产值 130 万元。

（蒋炳芳）

图 8-13　寺坞岭高山红茶

（六）千岛湖红茶（图 8-14）

千岛湖红茶产于浙江省淳安县千岛湖畔。主要采用鸠 20（又名鸠坑早）、鸠坑群体种、浙农 117、迎霜等适宜加工红茶的茶树品种，按照萎凋 – 揉捻 – 发酵 – 初烘 – 摊凉 – 复烘 – 分筛 – 风选工艺生产。其品质特征为外形细秀多锋苗、色泽乌润显金毫；香气甜香馥郁；滋味甘醇显蜜韵；汤色橙红明亮；叶底红亮显芽，整齐。产品曾获杭州市十大红茶、"浙茶杯"优质红茶评比金奖、十四至十六届上海国际茶叶博览会红茶金奖、中茶杯名优茶评比金奖等多项殊荣。目前千岛湖红茶年产量 123t，产值 2 431 万元。

（李继、邵宗清）

图 8-14 千岛湖红茶

二、宁波市

（一）望府金毫（图 8-15）

望府金毫产于浙江省宁波市宁海县望府楼茶场，由宁海县望府茶业有限公司生产。望府金毫主要采用福鼎大白、金牡丹等品种，按照萎凋 – 揉捻 – 发酵 –

图 8-15 望府金毫红茶

初烘 – 摊凉 – 复烘 – 分筛 – 风选工艺生产。其品质特征为外形条索细秀、匀整乌润、略卷曲、显金毫；汤色红艳明亮；香气高鲜，略有花香；叶底细嫩成朵、匀齐红艳明亮。产品曾获中茶杯特等奖、"浙茶杯"金奖、浙江省农博会金奖、中国森林博览会金奖、宁波市红茶产品质量推选金奖，望府金毫因连续 3 年获评"浙茶杯"金奖，而于 2018 年获"浙江名红茶"称号。目前公司年产望府金毫约 2 000kg，产值约 280 万元。

（姜燕华）

（二）福泉红茶（图8-16）

福泉红茶产于东海之滨宁波福泉山，系福泉山茶场联合浙江大学专家共同研制开发的宁波本地新产品，选用福泉山优质茶树原料经萎凋、揉捻、发酵、干燥等工艺精制而成，条索紧细挺直，色泽乌润，外形优美，内质香味纯正，汤色红亮，叶底芽叶细嫩。福泉红茶先后获得绿色食品博览会金奖、宁波红茶产品质量推选金奖、明州仙茗杯名优茶（红茶类）银奖、浙茶杯红茶评比银奖等荣誉，"东海龙舌"注册商标连续多年被评为浙江省著名商标，在省内外享有一定知名度，深受广大消费者青睐。目前年产名优红茶2 000kg左右，产值230万元，主销宁波地区。

（徐艳阳）

图8-16　福泉红茶

（三）望海红茶（图8-17）

望海红茶产于浙江省宁波市宁海县，由宁波望海茶业发展有限公司生产。望海红茶多选用浙农117品种加工，该品种芽叶生育力强，一芽一叶盛期在3月下旬至4月初。望海红茶按照萎凋-揉捻-发酵-初烘-摊凉-复烘-分筛-风选-拣剔-补火工艺加工而成，其品质特征为条索细嫩，色泽乌润显金毫，汤色橙红明亮，香气浓郁带花香，滋味醇和回甘，叶底红匀细软。产品曾荣获第十一届中茶杯全国名优茶评比特等奖、2019年第四届宁波市红茶评比金奖、2021年第五届宁波市红茶评比金奖。目前公司年生产精品望海红茶500kg，特级望海红茶600kg，年产值超210万元。

（姜燕华）

图 8-17 望海红茶

（四）明雾红茶（图 8-18）

明雾红茶产于浙江省宁波市宁海县，由宁海县深圳镇岭峰茶场生产。主要采用迎霜、鸠坑等品种按照工夫红茶工艺生产，其品质特征为条索细紧，略带

图 8-18 明雾红茶

金毫，色泽乌润，香气甜香带花香，汤色红艳透亮，滋味甜爽回甘，叶底柔软红亮。产品曾获 2016 年"峨眉山杯"第十一届国际名茶评比金奖、2017 年第十二届"中茶杯"全国名优茶评比一等奖、2019 年宁波市第四届红茶评比金奖、2021 年"浙茶杯"优质红茶银奖。2021 年茶场年产明雾红茶 500kg，产值 60 万元以上。

（姜燕华）

（五）裕竺红茶（图 8-19）

裕竺红茶产于浙江省宁波市宁海县，由宁海县天顶山茶场生产。主要采用浙农 117、迎霜等品种按照工夫红茶工艺生产，其品质特征为条索乌润显毫，香气甜香，汤色红橙明亮，滋味醇和甘爽。产品曾获第四届"中茶杯"全国名优茶评比特等奖、第十届国际名茶评比金奖、第二届"明州仙茗"杯名优茶（红茶类）评比金奖、宁波市第二、三届红茶金奖、第四届"国饮杯"全国茶叶评比（红茶类）一等奖、第十一届国际名茶评比佳茗大奖。2021 年茶场生产红茶 300kg，产值 20 万元以上。

（姜燕华）

图 8-19 裕竺红茶

（六）三山玉叶红茶（图 8-20）

三山玉叶红茶产地为春晓街道，位于宁波市北仑区最南端。三山玉叶红茶在传承传统红茶加工技术上创新，具有花果香明显，滋味鲜爽回甘的显著特色，其外形细秀有毫，色泽红褐油润，汤色红亮清澈，叶底芽叶红亮、嫩匀。通过多年的努力，三山玉叶红茶在宁波的知名度逐步提高，作为高端礼品获得了消费的认可，年产红茶 750kg 左右，产值 90 余万元，产品销售现已覆盖整个宁波区域。

（张文标）

图 8-20 三山玉叶红茶

（七）天恩红茶（图 8-21）

天恩红茶产地为北仑区柴桥街道，由宁波市北仑天恩茶叶有限公司生产。原料采用单芽和一芽一叶的茶鲜叶，制作过程分为萎凋、揉捻、发酵、烘焙四道工序。天恩红茶外形条索紧结显金毫，匀整油润，汤色红艳明亮，香气甜纯浓郁带花香，滋味甘醇鲜爽，叶底匀整明亮。天恩红茶是宁波市最早通过红茶类生产许可的产品，获无公害农产品认证，先后荣获宁波市红茶评比金奖、森博会金奖、世界红茶评比银奖等荣誉。年产量 500kg 左右，产值达 50 万元。

（张文标）

图 8-21　天恩红茶

（八）雨易红茶（图 8-22）

雨易红茶产地位于有原浙江省十大茶场之誉的奉化茶场核心区域，创制于2014年，通过借鉴福建武夷山金骏眉工艺，根据宁波市场消费者口感需求，对其工艺进行改进再创新，通过变温发酵工艺获得了雨易红茶条索细紧、芽尖显露、乌黑油润显金毫、汤色红艳透亮、金黄镶金圈、花香馥郁持久、略带蜜香、滋味浓厚醇爽、叶底细嫩红亮等优异特征。雨易红茶先后获得第二届"明州仙茗"杯红茶评比金奖组第一名、2019年"浙茶杯"红茶评比金奖组第一名、2015年第十一届"中茶杯"全国红茶评比一等奖、"国际名茶"评比金奖等荣誉称号，产品享誉省内外。2021年有种植基地600余亩，红茶年产量约3t，产值约400万元。

（王礼中）

图 8-22　雨易红茶

（九）雪窦红茶（图 2-23）

清光绪《奉化县志·物产》记载"茶叶，如雪窦山以及塔下之钊坑，跸驻之药师呑、筠塘坞，六诏之吉竹塘、忠义之白岩山出者为最佳。"雪窦山为浙东四明山支脉的最高峰，海拔 800m，有"四明第一山"之誉。山上有寺，始建于唐代。据《雪窦寺志》记载，唐宋时期雪窦寺先后受几代皇帝的 41 道敕谕，故千百年来香火旺盛、高僧辈出，南宋时被称为"天下禅宗十刹之一"。

宁波市奉化区雪窦山茶叶专业合作社成立于 2003 年，旗下"雪窦红"茶创制于 2010 年，产品外形条索细紧，芽尖显露，乌黑油润显金毫，汤色红艳透亮，金黄镶金圈，花香馥郁持久，略带蜜香，滋味浓厚醇爽，叶底乌黑、嫩、亮。2021 年荣获"浙茶杯"金奖、宁波市红茶评比大赛银奖。产地规模目前已扩展至溪口、尚田及大堰地区 2 000 余亩高山生态茶园，产量逾 5t，产值约 500 万元。

（王礼中）

图 8-23　雪窦红茶

（十）老沈家红茶（图 8-24）

老沈家红茶产于余姚市大岚镇，由余姚市四窗岩茶叶有限公司在 2013 年创制，采用工夫红茶加工工艺，通过几年间对红茶加工工艺不断的研究和完善，以一芽一叶或一芽二叶初展为原料，形成了重萎凋、中揉捻、轻发酵、长焙香的加工工艺，打造了老沈家红茶外形紧秀显毫、油润红褐，香气高爽，滋味醇和回甘，叶底红亮柔软的产品特色。老沈家红茶先后获得宁波市第四届红茶金奖评选活动金奖、宁波市第五届红茶产品质量推选活动金奖等殊荣，产品市场以宁波本地为主，深受消费者喜欢。2021 年生产基地 250 余亩，产量达 1.02t，产值约 160 万元。

（李明）

图 8-24 老沈家红茶

（十一）醉金红茶（图 8-25）

醉金红茶以采制茶树品种"醉金红"而命名。该品种以黄金芽为母本，2004 年经杂交种子繁殖植株扦插选育而成，2014 年获得国家林业局植物新品种保护授权。醉金红茶树品种属光照敏感型黄色系白化茶，白化性状与母本相近，但叶色总体稍偏。主要特点是：树体高大，树势、抗逆性明显优于母本；萌芽迟，芽体多呈红色。

宁波黄金韵茶业科技有限公司以醉金红品种的鲜叶为原料，采用传统红茶加工流程，经数字与特色化的萎凋、发酵、干燥工艺处理而制成，加工的红茶其外形紧秀显毫、乌润匀整，香气清甜，汤色红亮清澈，叶底红匀柔软，品质高端，获得宁波市第五届红茶产品质量推选活动银奖。2021 年有生产基地 180 亩，产量 1.5t，产值 220 万元。

（李明）

干茶

茶汤

图 8-25 醉金红茶

（十二）四明春露红茶（图 8-26）

四明春露红茶由余姚市屹立茶厂生产，采用工夫红茶加工工艺，产品外形娟秀显峰苗，色泽乌润显金毫，汤色红艳明亮，香气浓郁，滋味爽滑、甘醇，叶底红艳，深得消费者的喜爱，曾荣获第十二届国际名茶评比金奖，荣获我心目中的宁波品牌"消费者喜爱品牌"称号。2021 年，有生产基地 320 亩，产量 4.2t，产值 412 万元。

（李明）

图 8-26 四明春露红茶

（十三）望潮红茶（图 8-27）

望潮红茶由象山县林业特产技术推广中心于 2018 年在象山智门寺茶场开发创制，2019 年注册商标"望潮红"，确认品牌口号为"一种思念的茶"。"望潮红"品牌授权象山半岛仙茗茶叶专业合作社统一使用和管理。

望潮红茶对原料鲜嫩度要求高，主要以迎霜、鸠坑品种的一芽一叶、一芽二叶为原料，每年 3 月底至 5 月底采制，通过萎凋、揉捻、发酵、干燥等工艺加工制成。"望潮红"具有"嫩、鲜、甜、香"的品质特征，色泽乌润，条索细紧多金毫，汤色红黄明亮，滋味甜醇鲜爽，具甜香、花香。2019 年、2021 年获宁波市红茶产品质量推选银奖、金奖。目前全县规模生产企业已达 5 家，拥有种植基地面积 1 000 亩，产量从 2019 年的 500kg，提高到目前的 3 000kg，年创产值约 500 万元。

（肖灵亚）

图 8-27 望潮红茶

（十四）野茗红茶（图 8-28）

野茗红茶由象山南充茶场于 2015 年开发创制，是象山第一款本地红茶，出产于象山茅洋乡五狮山山麓，面积 500 亩，是全县唯——一个通过绿色食品认证的茶叶基地。

野茗红茶以福鼎大白、迎霜等茶树品种的一芽一叶、一芽二叶细嫩芽叶为原料加工而成，外形乌润细紧，满披金毫，汤色红亮，香气高甜，滋味醇厚甜爽，是一种纯天然无污染的健康绿色饮品。2017 年获第十二届"中茶杯"全国名优茶评比一等奖，同年获宁波市第三届红茶评比金奖，2019 年获"浙茶杯"优质红茶推选活动金奖，同年，中国农业科学院茶叶研究所对选送的红茶进行了评价，经专家评价，品质优异，特色突出，达到五星名茶标准。2021 年产量 2 000kg，产值 300 万元。

（肖灵亚）

图 8-28 野茗红茶

（十五）明州红茶（图 8-29）

明州红茶由宁波市五龙潭茶业有限公司创制生产，生产基地位于全国生态乡、中华桂花之乡的海曙区龙观乡，鲜叶均采自国家 4A 级风景区五龙潭周边的生态茶园。

明州红茶外形条索细紧，弯曲如钩，满披金毫，色泽乌润；汤色橙红透亮；花香馥郁；滋味鲜爽；叶底红艳成朵。明州红茶先后获得 2017 年宁波第三届红茶评比金奖、2018 年第二届中国（南昌）国际茶业博览会金奖、2018 年浙江农博会优质奖、2018 年浙茶杯优胜奖、2019 年绿色食品博览会金奖等殊荣，2018 年通过绿色食品认证。2021 年五龙潭茶业被认定为宁波红茶制作技艺宁波市级非物质文化遗产传承基地、命名企业创始人杨晋良同志为宁波市非物质文化遗产（宁波红茶制作技艺）代表性传承人，明州红茶被推选为宁波特色产品伴手礼。目前，明州红茶年产量 2t，产值约 150 万元。

（吴颖、杨晋良）

干茶

茶汤

图 8-29　明州红茶

（十六）甬茗大岭红茶（图 8-30）

甬茗大岭红茶创制于 2012 年，由宁波市鄞州大岭农业发展有限公司依传统工夫红茶工艺创新研制而成。创制团队结合当地茶树品种特点，从原料的选择、萎凋、揉捻、发酵、干燥及后期处理等工序进行创新研究，自成甬茗大岭红茶特有工艺，形成甬茗大岭红茶外形紧细卷曲、黑黄相间油润显金毫，甜蜜香浓，汤色红艳明亮，滋味甘鲜爽滑，叶底红亮的品质特征。

甬茗大岭红茶自创制上市以来，在多项名优红茶评比中获奖。先后获得 2014 年第十届国际名茶评比金奖、2015 年第二届明州仙茗杯名优红茶评比银奖、2016年第十一届国际名茶评比金奖、2016年第九届中国义乌国际森林产品博览会金奖、2017年宁波市第三届红茶评比金奖、2018年第十二届国际名茶评比特别金奖、2018年第十一届中国义乌国际森林产品博览会金奖、2018年"浙茶杯"优质红茶推选活动金奖、2019年世界红茶产品质量推选活动银奖、2020年第十三届中国义乌国际森林产品博览会金奖、2021年第十三届国际名茶评比金奖、2021年华茗杯绿茶红茶产品质量推选活动金奖。2021年公司有红茶生产基地150亩左右，产量近1 000kg，产值160万元。

（赵绮）

图8-30 甬茗大岭红茶

三、温州市

（一）半天香红茶（图8-31）

半天香红茶产于浙江省温州市文成高山地区，有得天独厚的自然条件，海拔在500米以上。2017年"九龙山生态茶园"荣获"全国最美三十座生态茶园"和浙江省100个"美丽田园"称号。茶园周边青峰叠翠、山青水绿、常年云雾环绕，正合"高山云雾出好茶"之说。半天香红茶创始人为原全国人大代表、全国劳动模范蔡日省同志，采用金观音春茶一芽一叶为原料，经萎凋、揉捻、发酵、初烘、复烘焙制而成，外形弯曲紧结细小匀齐，外形色泽乌润，光泽显著，汤色橘红，清澈明亮，香气清新高雅，带有淡淡的花香和果香，口感清新，滋味甘醇，叶底嫩匀红亮。在2023年温州早茶节评比中荣获金奖。至2021年，茶园面积800亩，年产半天香红茶约10吨，产值约600万元。

（蔡永游）

图 8-31 半天香红茶

（二）芳芯绿雁红茶（图 8-32）

芳芯绿雁牌雁荡红茶产自于世界地质公园、国家 5A 级风景名胜区温州雁荡山之最高峰"百岗尖"，为乐清市芳芯绿雁茶叶有限公司林福明先生于 2010 年研制而成。林福明先生是温州市劳动模范、雁荡毛峰非物质文化传承人，有 40 余年制茶经验，芳芯绿雁牌雁荡红茶采用春茶一芽一叶为原料，经萎凋、揉捻、发酵、初烘、复烘焙制而成，外形弯曲紧结细小匀齐，色泽乌润，金毫显，汤色红艳明亮明，香气馥郁持久，滋味甘醇，叶底嫩匀红亮。至 2021 年，种植面积约 150 亩，产量约 1.5 吨，产值约 300 万元。

（黄向永、林福明）

图 8-32 芳芯绿雁红茶

（三）泰龙红茶（图 8-33）

泰龙红茶产自国家生态县、国家重点生态功能区的泰顺，这里四季分明，气候温和，雨量充沛。浙江泰龙制茶有限公司有农业农村部标准创建园核心基地 1200 亩，被评为中国美丽茶园，是浙江省茶叶出口种植基地、省骨干农业龙头企业、省优秀科技特派员示范基地、生态茶园示范基地、省级工坊。

图 8-33　泰龙红茶

泰龙红茶外形细紧卷曲显金毫、乌润匀整，汤色橙红明亮，香气甜爽、花蜜香显，滋味甜醇细润，叶底细嫩多芽、红匀明亮。产品获得全国名特优新农产品、浙茶杯金奖、温州市"我为群众找年货"优质农产品金奖等荣誉。至 2021 年，年产泰龙红茶约 15 吨，产值约 800 万元。公司在北京、杭州、苏州等省内外大中城市开设专营店 8 家，拓展省级及地区代理商 20 家，产品进入全国连锁超市 110 多家门店，在淘宝、天猫、京东、微信等平台开设了产品旗舰店。

（刘海兵、谢细和）

（四）龙湫红茶（图 8-34）

龙湫红茶产自世界地质公园、5A 级景区——雁荡山的龙西乡湖南岗有机茶园，海拔 750m，是乐清最高的有机茶园，取得中农有机认证已达 17 年之久。龙湫红茶由乐清市大龙湫茶业有限公司于 2009 年成功试制，2010 年面市。龙湫红茶用本地群体种茶树原料，经萎调、揉捻、发酵、干燥等工艺制成，条索细紧稍曲，乌润匀净显金毫，汤色橙黄明亮，花果香浓郁，滋味鲜甜、甘醇，叶底嫩匀红亮。曾获温州市第十五届早茶节名优早茶金奖、温州市十大精品名茶金奖。2021 年，有生产基地 300 亩，产量 0.8t，产值 120 万元。

（赵旭锋、林建乐）

图 8-34　龙湫红茶

（五）能仁红韵（图 8-35）

能仁红韵产自于世界地质公园、国家 5A 级风景名胜区温州乐清雁荡山，为乐清市能仁村茶叶专业合作社于 2010 年研制而成。能仁红韵采用早春茶一芽一叶为原料，经萎凋、揉捻、发酵、做形、烘焙等工艺制作而成，外形秀长紧结，茶质细嫩，色泽红润，芽毫隐藏，汤色金亮明净，香气高雅，滋味甘醇，茶香浓郁，本品耐贮藏，有"三年不败黄金芽"之誉。因其茶汤金亮、滋味厚实，散发出自成一格的独特花果香气而广受好评，曾获温州市名牌产品。2021 年，能仁红韵茶园主要在雁荡镇能仁村龙湫背、兜率洞西岭等处种植，海拔均在 500m 以上，面积 150 亩，产量 1t，产值 400 万元。

（李晖、林义春）

图 8-35　能仁红韵

（六）泰之叶红茶（图 8-36）

泰之叶红茶产自温州市泰顺县山垟坪茶场，由浙江泰叶农业开发有限公司于 2017 年创制。泰之叶红茶以泰顺群体种茶鲜叶为原料，经萎调、揉捻、发酵、干燥定型精制而成。干茶条索细紧乌润显金毫，汤色红亮，香气甜香、浓郁，滋味鲜醇，叶底嫩匀红亮。泰之叶红茶推出次年荣获 2018 温州早茶品牌展十大金奖，是该年度唯一获得温州市金奖的红茶，同年还荣获 2018 "浙茶杯" 银奖、2018 年第八届温州特色农业博览会金奖、2019 年荣获温州早茶品牌展银奖等。2021 年，有生产基地 1 408 亩，产量 50t，产值约 800 万元。

（林海裕、陈方伟）

图 8-36 泰之叶红茶

（七）乌牛山红茶（图 8-37）

乌牛山红茶产自永嘉县，由永嘉县乌牛早茶饮料有限公司于 2011 年创制。乌牛山红茶外形条索紧细，色泽乌润，金毫显露，汤色橙红明亮，滋味鲜醇，清香持久，回味甘甜，类似蜜糖香，又似水果香，茶水里带有独特的香味。先后获 2014 年温州早茶节名优茶银奖、2015 年温州早茶节名优茶金奖、2016 年温州早茶节名优茶金奖、2017 年温州早茶节名优茶金奖、2021 年温州十大精品名茶等荣誉称号。2021 年，有生产基地 600 亩，产量 5t，产值约 600 万元。

（张伯平、胡敢春）

图 8-37　乌牛山红茶

（八）楠溪九龙坞红茶（图 8-38）

楠溪九龙坞红茶产于浙江省国家级风景区永嘉楠溪江源头，由永嘉县楠溪江云岭山白茶厂于 2008 年创制。楠溪九龙坞红茶最初参考台湾日月潭红茶制作工艺，选用海拔 800m 的小叶种春茶鲜叶为原料，并根据高海拔地区温度、湿度的特点，改良了传统工夫红茶的工艺，经摊青、萎凋、揉捻、发酵、干燥制成。干茶外形呈条索状，乌黑显毫，具有独特的高香气。冲泡后，汤色红亮，香气高爽，滋味鲜醇。2012 年参加中日国际绿茶博览会一举夺得茶叶品质类最高奖金奖，2013 年楠溪九龙坞红茶通过国家绿色食品认证，同年品牌"楠溪九龙坞"获得温州市知名商标，2016 年获得浙江省著名商标。截至 2021 年，楠溪九龙坞红茶产地面积约 1 200 亩，主要集中在楠溪江源头海拔 800m 的九龙山茶场。产量约 10 吨，主销上海、北京、浙江、江苏、安徽、内蒙古、吉林等地，产值约 600 万元。

（张伯平、李寿传）

干茶　　　　　　　　　　　　　　　　茶汤

图 8-38　楠溪九龙坞红茶

（九）玉塔红茶（图 8-39）

玉塔红茶产自浙江省泰顺县玉塔茶场。泰顺在清末、民国时期重点生产红茶，1953 年改制为绿茶，2013 年玉塔茶场恢复红茶生产。玉塔红茶以泰顺本地群体小叶种鲜叶为原料，经萎调、揉捻、发酵、干燥精工细制而成。该茶具有高山红茶特点，亦称高山韵红。干茶外形条索紧细乌润金毫显；香气呈复合型，高山韵香持久；汤色红亮；滋味醇厚鲜活，甘甜爽滑，叶底嫩匀红亮，略显古铜色。产品先后荣获 2014 年第十二届温州早茶节金奖、2015 年中国（上海）国际茶业博览会"中国好茶叶"评比金奖，2018 年"浙茶杯"金奖、2019 年上海国际茶叶交易博览会金奖等荣誉称号。2021 年，有生产基地 1 200 亩，产量 25t，产值约 360 万元。

（林海裕、叶传瑞）

图 8-39　玉塔红茶

（十）御茗红茶（图 8-40）

御茗红茶产自飞云湖源头的泰顺县百丈镇，由叶斌于 2013 年创制。御茗红茶采优质茶芽嫩叶为原料，条索紧细、匀齐，色泽乌润、富有光泽，香气馥郁，汤色红艳，叶底明亮。2014 年获温州第六届农博会优质奖，"浙茶杯"优质红茶推广活动优胜奖；2015 年获温州第十三届早茶节金奖，"浙茶杯"优质红茶推广活动"优胜奖"；2016 年获第十四届温州早茶节金奖，浙江农博会金奖，"浙茶杯"优质红茶优胜奖；2018 年获温州早茶品牌展十大金奖；2019 年获北京国际茶业展金奖，温州早茶品牌展十大金奖。2021 年御茗红茶年产销量约为 15t，产值 900 多万元，在杭州、苏州、温州等地设有经销窗口，主要销售区域有江苏、杭州、温州、上海、广西、山东、北京、天津等地，产品深受广大消费者的喜爱。

（郑挺盛、叶斌）

图 8-40　御茗红茶

（十一）子久朝阳红（图 8-41）

子久朝阳红产自南雁荡山脉子久朝阳山的双有机认证茶园，平均海拔500 m。子久朝阳红属工夫红茶，是平阳工夫茶的一种。其外形细紧，露毫，有锋苗，颜色乌润，香气馥郁，滋味甘醇甜和，茶汤红亮，叶底柔软显芽。冲泡时建议选用紫砂壶或内壁为白色的盖碗，白色内壁的茶具便于观看汤色，而紫砂则更能冲泡出茶韵。

截至 2021 年，浙江子久文化股份有限公司自有生态茶园 500 亩，联营生态茶园 5 000 亩，主打平阳黄汤，兼制朝阳红工夫红茶，从以前的平阳天韵茶叶到现在的子久股份，累计产朝阳红约 5t。面世 30 余载一直备受好评，荣获很多奖项，主要销售市场为温州本地和北京、上海、东北等地，茶客普遍评价较高，享有不菲的声誉！

（董占波、钟维标）

图 8-41　子久朝阳红

四、湖州市

（一）龙王山美妳红茶（图8-42）

龙王山美妳红茶产于湖州市安吉县，由安吉龙王山茶叶开发有限公司于2012年创制。龙王山美妳红茶采用白叶1号原料，按照萎凋 - 揉捻 - 发酵 - 初烘 - 摊凉 - 复烘 - 风选 - 色选工艺生产。其品质特征为外形条索细秀、色泽红润、金黄芽毫显露；香气清香持久，带兰花香；汤色红艳明亮；滋味鲜醇；叶底细嫩成朵、匀齐红亮。目前公司年产龙王山美妳红茶2 500kg，产值550万元。

（潘元清、潘珏）

图8-42　龙王山美妳红茶

（二）千道工夫安吉红茶（图8-43）

千道工夫安吉红茶产于安吉县溪龙乡黄杜村的安吉千道湾白茶有限公司。公司创立于2008年，前身是安吉千道湾茶场，2010年开始借鉴祁门工艺研发红茶，后来学习武夷山工艺，历经先后十年的调整使其品质稳定。千道工夫红茶是以白叶1号中后期原料，经过萎凋 - 揉捻 - 发酵 - 初烘 - 摊凉 - 复烘 - 风选工艺生产。其品质特征为外形条索细秀、匀整乌润、略卷曲、显金毫；汤色琥珀色且明亮；香气高鲜，略有花蜜香；叶底细嫩、匀齐；出汤10次以上仍可以保持较好口感。产品曾获2014年"浙茶杯"红茶优胜奖、第十届国际名茶评比特别金奖。目前公司年产工夫红茶1 500kg，产值约160万元。

（胥继谱、楼博）

图 8-43　千道工夫安吉红茶

（三）长兴红韵（图 8-44）

长兴红韵产于浙江省长兴县小浦镇长兴丰收园茶叶专业合作社，是紫笋茶省级非遗保护性生产基地。长兴红韵于 2010 年始制，主要采用鸠坑早和鸠坑群体种等品种，经采摘 - 萎凋 - 揉捻 - 解块 - 发酵 - 初烘 - 复烘 - 退酵味 - 精选 - 再复烘等工艺加工而成。其品质特征为外形芽叶肥壮，金毫显，色泽棕褐润；汤色橙红明亮；香气花蜜香浓郁持久；滋味醇厚甘甜；叶底细嫩成朵、匀齐红艳明亮。产品荣获 2022 年"浙茶杯"金奖。目前长兴红韵生产量近 1 000kg，产值约 160 万元。

（杨亚静、钟心尧）

图 8-44　长兴红韵

（四）长兴霞幕红（图 8-45）

长兴霞幕红产于浙江省湖州市长兴县和平镇的瑞名茶场。2017 年茶场转型加工销售红茶，应用茶叶萎凋一体化设备和以电代炭焙笼技术，以白叶 1 号、龙井 43 和鸠坑种为原料，按照萎凋－揉捻－发酵－初烘－摊凉－复烘－分筛－风选工艺生产。外形条索紧细，乌润显毫；汤色金黄明亮；滋味鲜爽甘甜；花果蜜香，馥郁持久；叶底细嫩成朵，匀齐红艳明亮。2020 年，通过食品安全管理体系认证和质量管理体系认证。2022 年，入选长兴县第三届特色产品伴手礼。目前长兴霞幕红产量达到 4 100kg，产值 570 万元。

（林开雪）

图 8-45 长兴霞幕红

（五）皕宋丹霞（图 8-46）

皕宋丹霞产于浙江省湖州市吴兴区道场乡，由浙江琴忻谷生态农业有限公司于 2020 年改进加工工艺。皕宋丹霞主要采用黄观音、群体种等品种，按照萎凋－揉捻－发酵－初烘－理条－复烘－分级工艺生产。其品质特征为色泽乌润，外形细紧，显金毫，汤色红艳明亮，花香甜香浓郁，叶底匀整红艳明亮。有诗赞曰："皕宋楼中客，倾城第一香。鸣檐寒沼净，开匣蕊珠光。色借初阳暖，烟浮故板凉。红尘归淡泊，世事任沧桑。"目前公司年产皕宋丹霞 1 000kg，产值约 180 万元。

（彭珏）

图 8-46　皕宋丹霞

（六）德清东沈红（图 8-47）

东沈红属工夫红茶，始创于 1645 年，原产于浙江省湖州市德清县莫干山，现由湖州莫干山东沈红茶业有限公司恢复并独家生产。东沈红以迎霜、龙井 43 等茶树品种的鲜叶为原料，按照自然萎凋 – 揉捻 – 发酵 – 干燥 – 分级 – 包装的工艺生产。其品质特征为外形细紧乌润，汤色金黄明亮，香气独有花果香，滋味鲜甜回甘带花香，叶底细嫩红艳明亮。

2008 年通过食品生产许可认证，2011 年 11 月荣获第四届中国国际森林产品博览会金奖；2012 年 4 月作为浙江非物质文化遗产，参加首届非物质文化遗产博览会；为 2014 年湖州市第一款通过绿色食品认证的红茶产品；2018 年入选首届联合国地理信息大会指定礼品茶；2019 年入选首届美丽中国田园博览会会务用茶；东沈红（工夫红茶）先后被评为"湖州市名牌产品""最具德清特色旅游商品"称号。东沈红现有生产面积 515 亩，年产量 2 000 多 kg，年销售额 360 余万元。

（姚伟金、钱虹）

图 8-47　德清东沈红

（七）晓英的茶 – 有机红茶（图 8-48）

晓英的茶 – 有机红茶产于浙江省湖州市德清县莫干山产区，由浙江德清县双丰茶业有限公司于 1999 年创制。主要采用本地种洛舍一号、迎霜为原料，按照萎凋 – 揉捻 – 发酵 – 初烘 – 理条 – 复烘 – 分级工艺生产。其品质特征为色泽乌润，外形细紧，显金毫，汤色红艳明亮，花香甜香浓郁，叶底匀整红艳明亮。产品曾获得中茶杯特等奖、浙茶杯金奖等荣誉。2021 年公司年产晓英的茶 – 有机红茶 2 000kg，产值约 300 万元。

（倪锦涛、张晓英）

图 8-48　晓英的茶 – 有机红茶

（八）紫笋小红柑（图 8-49）

紫笋小红柑产于湖州市长兴县，由湖州茶源科技有限公司于 2018 年研制生产。紫笋小红柑选用上等的紫笋红茶，与新会核心产区的特级天马皮，经采摘、清洗、去肉、晾晒、干燥、杀青、入茶、生晒及低温慢烘、封存等工序制成。其品质特征为外形果皮富有光泽，油室分布均匀而密集，汤色橙红

透亮，成品十分耐泡，一颗小红柑可泡二十余次；滋味清香，口感醇滑润甜，果香味馥郁，既有紫笋红茶的醇厚滋味，又富含柑果之香，且爽口润滑，韵味十足，具有香、甜、甘、滑的显著特征。产品曾获"中茶杯"特别金奖和金奖、中国森林博览会金奖、湖州市"十佳最美茶品"，2020年获评第二批浙江省非遗旅游商品。2021年公司年产紫笋小红柑1 200kg，产值约240万元。

（杨晟旻、钟心尧）

图 8-49　紫笋小红柑

五、绍兴市

（一）会稽红茶（图 8-50）

会稽红茶产于绍兴市越城区会稽山区，由浙江绍兴会稽红茶业有限公司出品，福建正山堂茶业有限责任公司监制，于2012年试制、2013年春正式上市的红茶。

会稽红茶采半野生茶树茶芽，依"金骏眉"工艺制成。其形俊秀分明，条索紧结，犹如海马状，置于茶盏中冲水之时犹如"万马奔腾"；其色黄黑相间显金毫，在茶盏中冲泡开来，汤色橙红清澈，仔细观察显"金圈"；其气高长鲜爽，茶香四溢，饱含花香、果香、蜜香，香型层次分明，细细品味似乎有兰花香，悠长而不浑浊，谓之"会稽香"；其味醇和回甘，甘甜感回味悠久、甜中带香，香中带滑，经久耐泡，清香留齿。2013年获浙江农业博览会新产品金奖。2015年获浙江农业博览会优质产品金奖、第八届中国义乌国际森林产品博览会金奖。2018年获第二届中国国际茶叶博览会金奖、浙江农业博览会优质奖。2021年会稽红茶业及旗下6个股东总茶园面积达2 000余亩，年产量25t，产值达2 850万元，产品主销浙江、北京、上海、山东等地。

（陆小玲）

图8-50 会稽红茶

（二）越红工夫茶（图8-51）

越红工夫茶产于柯桥区会稽山脉一带，是中国十大红茶之一，1955年正式定名。据《中国茶经》记载，20世纪50年代到80年代生产最盛，到80年代后期，绍兴全市年产工夫红茶9 000余t，出口6 000余t，产品内销内蒙古、东北三省、广东、广西、湖南等近20个省份，外销主要通过广东口岸销往苏联、波兰、伊拉克、荷兰等30多个国家，是20世纪绍兴市的主要出口创汇产品。1980年越红工夫茶被商业部评为金奖。1985年越红工夫茶荣获国家优质产品称号。到20世纪90年代后期因种种原因生产甚少。2010年，绍兴县玉龙茶业有限公司重新注册了"越红"商标并恢复生产越红工夫茶，并在浙江省农业厅、浙江大学、中国农业科学院茶叶研究所等单位有关专家的支持下，研究新的生产工艺，使"越红"工夫红茶的品质有了一定创新。

越红工夫茶经萎凋、揉捻、发酵、烘干、提香等工艺制成，外形紧直挺秀，锋苗显露，色泽乌润起毫，香气浓郁，滋味醇和，汤色红艳，叶底红亮。新工艺生产的"越红"工夫茶，运用科学的控温和控湿进行萎凋和发酵，在工艺上采用轻萎凋、轻发酵，再进行干燥时的加速发酵，使茶叶香气得到最大的发挥，和传统的红茶比在品质和应用的工艺上有其独特的创新性，产品香气浓烈持久，特别是"薮北"品种带有栗香和花香，滋味鲜醇，回味甘甜，汤色金黄带红，比传统的工夫红茶品质更高，外形更美。2021年，种植面积400亩，产量10t，产值400万元，产品主要销往北京、上海、江苏、山东等地。

（李汉兴）

图 8-51　越红工夫茶

（三）西施石笕丹芽（图 8-52）

西施石笕丹芽产于西施故里诸暨市，由诸暨市农业农村局牵头，以浙江大学的技术为依托创制。选用一芽一叶至一芽二叶的有性系良种浙农117、迎霜及当地群体种鲜叶加工而成，加工工艺采用传统的萎凋 - 揉捻 - 发酵 - 烘焙加工工艺。西施石笕丹芽外形条索娟秀紧细，色泽乌润多金亮；香气清香优雅，蜜香浓郁；汤色橙红明亮；滋味鲜爽甜醇，耐冲泡；叶底细嫩成朵匀齐红艳，如西施美女般秀气柔美，清新出尘。

（金英）

图 8-52　西施石笕丹芽

（四）绿剑古越红（图 8-53）

绿剑古越红是由浙江省诸暨绿剑茶业有限公司在绍兴传统越红加工工艺的基础上，通过工艺和原料科技创新而开发的创新产品。诸暨市是传统的越红工夫茶的主产区，1955 年诸暨由"绿"改"红"，1979 年又由"红"改"绿"，只保留极少的红茶。2001 年起绿剑茶业在传统越红工夫茶加工工艺的基础上，创制了中高档红茶——绿剑古越红。

绿剑古越红经萎凋、揉捻、发酵、初烘、足火、提香制成。外形条索紧秀，略显金毫，隽茂、重实；色泽为金黄黑相间，色润；汤色橙红明亮、清澈有金圈；滋味醇和、甘爽、鲜活；香气高长，鲜爽，具有果、蜜、花等综合香型；叶底软匀、整齐。2005 年通过浙江省新产品鉴定；2007 年荣获绍兴市科技进步三等奖和诸暨市科技进步二等奖，并获国家发明专利；2013 年、2014 年荣获"浙茶杯"红茶评比金奖等荣誉。2021 年，绿剑古越红生产基地面积 0.7 万亩，产量 4.5t，产值 1 000 万元，产品主销上海及东部沿海大中城市。

（马亚平）

图 8-53　绿剑古越红

（五）越乡红茶（图 8-54）

越乡红茶由越红工夫茶发展而来，产于嵊州市境内。2008 年后，随着国内红茶消费的兴起，在原来越红工夫茶部分加工工艺基础上进行改进而来。2008 年改进后的越乡红茶以一芽一叶初展为高档茶原料，一芽二叶初展为中档茶原料，一芽二、三叶为低档茶原料，经萎凋、揉捻、发酵、干燥制成。其外形条索紧秀，色泽乌润，香气纯正持久，汤色红亮，滋味浓醇，耐泡。2021 年，越乡红茶年生产量 5.2t，产值 220 万元，产品主要销往福建、广东、山东、河南、北京等地。

（汪新贵）

图 8-54　越乡红茶

（六）天姥红茶（图 8-55）

天姥红茶产于新昌县小将、巧英、镜岭等高山茶区，是 2012 年新昌县农业局在新昌巧英雪溪茶场和新昌红旗茶业有限公司创制的红茶，经新昌县红茶区域公用品牌公开征名活动而定名。天姥红茶原料主选迎霜、鸠坑、福鼎白毫等叶色浅绿、多酚类含量高的品种，以单芽至一芽二叶为采摘标准，经萎凋、揉捻、发酵、干燥等工艺制成，外形条索紧秀，色泽乌润、金毫显露，汤色红橙明亮，香气甜香浓郁，滋味甘鲜醇厚，叶底嫩匀明亮。到 2018 年，新昌已注册"西山红""雪日红""雪里红""菩提丹芽"等 9 个红茶企业商标，生产企业增至 14 家。先后有雪溪茶业、雪日红茶叶专业合作社、乌泥岗家庭农场、红旗茶业生产的天姥红茶产品荣获"中绿杯"、"浙茶杯"、上海茶博会等名茶评比金奖；天姥红茶生产量已达 70t，产值 3 188 万元，产品主要销往上海、江苏、宁波等地。

（孙利育）

图 8-55　天姥红茶

（七）日铸红（图 8-56）

日铸红产于浙江省绍兴市柯桥区，由绍兴柯桥东方茶业有限公司于 2012 年创制。日铸红主要选用金观音、龙井 43、本地群体种等品种，按照摊青 - 萎凋 - 揉捻 - 发酵 - 初烘 - 炒锅定型 - 烘焙 - 精制工艺生产。其品质特征为外形盘花卷曲，色泽乌润，有金毫，汤色红艳明亮，滋味鲜甜，香气甜香带花香，叶底细嫩红亮。其冲泡选用 85℃左右水温，按照 1 : 50 的茶水比冲泡，茶具建议选用玻璃杯或盖碗。产品曾获"浙茶杯"银奖、第三届中国创意林业产品大赛优质奖，"东方日铸红"商标获评绍兴市著名商标。2022 年公司年产日铸红 5 000kg，产值约 260 万元。

（宋晓）

图 8-56　日铸红

（八）寺山红茶（图 8-57）

寺山红茶产于绍兴市柯桥区境内会稽山腹地的寺山，是绍兴柯桥寺山茶

业有限公司的主打产品。寺山，处会稽日铸，其间有寺，因寺得名。寺山红茶主要采用群体种等原料，按照萎凋－揉捻－发酵－过红锅－回潮－毛火－摊凉－足火－色选等工艺生产。其品质特征为外形条索紧秀、乌润、有金毫；汤色橙红明亮；花香、果香、蜜香具足持久，偶有奶香；叶底鲜活明亮，芽细叶薄半透明状。

寺山红茶 2016 年、2017 年、2018 年连续 3 年获中华茶奥会红茶组银奖；2017 年作为绍兴地区唯一的一款红茶入驻中国茶叶博物馆茶萃厅；2018 年两只茶样入选中国茶叶博物馆馆藏优质茶样，四只茶样入选中国茶叶博物馆馆藏标准茶样；2018 年、2019 年、2020 年连续 3 年荣获"浙茶杯"优质红茶银奖；2021 年获全国绿茶红茶产品质量精选活动华茗杯金奖，在 2021"两展一节"茶叶产品推选活动中获得红茶金奖、黄茶金奖，在 2021 年中国茶叶博物馆举办的"中国好茶"征集令主题活动中被推荐为"2021 年度展示茶样"。2021 年寺山红茶产量 1 600kg，产值 150 万元。

（任晓）

图 8-57　寺山红茶

（九）小竹茶（图 8-58）

小竹茶产于嵊州市北部会稽山脉腹地五百岗一带，由嵊州市景鸿茶叶有限公司创制。小竹茶茶园平均海拔 700m，小竹茶以鸠坑种茶树茶芽为原料，经萎凋、揉捻、发酵后灌装进天然的金竹节中干燥制成。经过煮泡的小竹茶，茶汤明亮，茶色橙红，茶叶的甘醇与竹子的清香融合成一种独特的香味。入口花香、甘甜、清醇，层次分明，唇齿间的鲜活甘爽经久不散。2018 年小竹茶获第七届中国创意林业产品大赛银奖。目前茶园面积 200 余亩，全部采用科学管理，半野生生长，年产量 2 000kg，产值 150 万元，主销上海、北京、珠海、山东等地，以茶友间私人定制为主。

（裘李钢）

图 8-58　小竹茶

（十）虞·越红（图 8-59）

　　虞·越红产于当代茶圣吴觉农故里——绍兴市上虞区，由绍兴市虞舜茶业有限公司创制。虞·越红生产茶园位于覆卮山岭，平均海拔 700m。选用本地群体种茶树原料，采摘一芽一叶、一芽二叶初展鲜叶，按传统越红工夫茶工艺，运用现代化科技设备生产。其外形条索紧细油润，色泽黄褐显金毫，汤色橙红明亮，香气甜香高长，饱含花果香，滋味鲜甜醇和细腻，经久耐泡。公司负责人王嘉巍在 2021 年、2022 年连续获得全省农业职业技能大赛茶叶加工（精制）项目二等奖。2021 年公司虞·越红茶产量 5 000kg，产值 400 万余元。虞·越红深受消费者和经销商的喜爱，产品国内主销浙江、上海、山东等地，并远销海外美国、智利等。

（王嘉巍、张旭）

图 8-59　虞·越红

六、金华市

（一）木禾种红茶（图 8-60）

木禾种红茶主产于东阳市北部和东北部山区，属工夫红茶，1985年在佐村宅口试制，因国家收购价较低而停产。随着2010年行业里掀起"红茶热"，由虎鹿镇刘海屿协同多位老茶人于2011年恢复创制。木禾种红茶以东阳木禾群体种、木禾无性系品种等优质中小叶种茶树的

图 8-60　木禾红茶

一芽一叶或一芽二叶鲜叶为原料，经萎凋—揉捻－发酵－烘干－精选－拼制等工序加工而成，其外形紧结有毫乌润汤色橙红明亮、香气清新带甜香、滋味鲜醇，叶底红亮，富显木禾种工夫红茶特有的香味。到2021年，木禾种红茶有生产基地15 000余亩，产量32t，产值2 500多万元。

（王霆、金美霞）

（二）永康红（图 8-61）

永康红由永康市名茶研究所于2009年开始研制，在永康市农业局的支持下，引进金观音、金牡丹、奇兰3个具有花香的茶树品种，对海拔700m的80亩永祥茶园进行换种改造，2012年获中国中农"有机农产品"证书后投产。采用小种红茶传统工艺与花香新工艺结合的"永康红"红茶，外形条索

图 8-61　永康红

紧秀、金毫显露、色泽乌润、花果香丰富，开汤啜一口入喉，甘甜感顿生，花果香浓郁，喉韵悠长，连饮八泡口感仍饱满甘甜。2012年获第九届国际名茶评比金奖，2013年获首届"浙茶杯"红茶评比金奖，2015年获第十一届"中茶杯"红茶评比特等奖。2021年公司年产1 100kg，产值约150万元。

（黄永生、孙彬）

（三）胡则红茶（图 8-62）

胡则红茶产于浙江省级生态保护区内的永康市大寒山老鹰峰茶场，茶树以群体种为主，部分树龄已近百年。从 2004 年至今保持中国中农"有机农产品"和"有机加工"双认证。胡则红茶经萎凋 - 揉捻 - 发酵 - 初烘 - 复烘工艺而成，其品质特征为外形乌润油亮，如游龙、似弯钩；汤色金黄，韵致生动；入口爽润甘醇，花香果味，经久犹存。胡则红茶属浙江省一类名茶，永康市茶文化研究会推荐用茶，2018 年入选中国茶叶博物馆名茶样库；2019 年获世界红茶质量产品推选金奖。2021 年茶场产红茶 2 000kg，产值 150 万元。

（朱镇波、孙彬）

图 8-62 胡则红茶

（四）浙星红茶（图 8-63）

浙星红茶产于浙江武义牛头山麓一带，由浙江武义浙星农业开发有限公司于 2014 年研发，因企业名称而得名。浙星红茶以土茶和鸠坑种为原料，在红茶工艺基础上结合乌龙茶技艺，经过萎凋、摇青、揉捻、发酵、烘干、精制、多次复焙制作而成。兼具传统红茶的韵味和乌龙茶的香气，花香浓郁，经久耐泡，茶汤黄亮透明，润喉久久回甘。2015 年荣获"浙茶杯"特等奖，2016 年荣获"中茶杯"一等奖，2016 年浙星红茶被评为金华市名牌产品，2017 年浙星被评为金华市著名商标。目前有茶园面积 2 000 多亩，产量达 150t，产值 1 500 万元，产品远销广东、山东、北京、西安等地。

（周小芬）

图 8-63 浙星红茶

151

（五）武阳工夫红茶（图 8-64）

武阳工夫红茶产于"中国有机茶之乡"武义县，是浙江更香有机茶业开发有限公司推出的有机产品之一，连续多年通过欧盟、美国和中国"三重"有机认证。武阳工夫红茶选六杯香品种为原料，成品条索紧细、金毫披露、汤色金黄明亮，花香显露，甜醇似蜜。产品连续多年获全国、省、市级博览会金奖；2016 年获第四届"国饮杯"全国茶叶评比红茶一等奖；2019 年获"华茗杯"红茶特别金奖；2020 年获中国名优农产品暨农业产业化交易会金奖；2022 年获第二届世界红茶产品质量"大金奖"。2021 年公司年产武阳工夫红茶 5.5t，产值约 2 600 万元。

（周小芬）

图 8-64　武阳工夫红茶

（六）乡雨红茶（图 8-65）

乡雨红茶产于金华市武义县，由浙江乡雨茶业有限公司于 2012 年研制。

图 8-65　乡雨红茶

乡雨红茶鲜叶采摘于浙中第一高峰牛头山麓一带乡雨高山基地，主要以武义本地选育的国家级良种"春雨二号"为主要原料。乡雨红茶条索紧细卷曲，乌褐油润，金毫相间，汤色金黄明亮，花香蜜韵，滋味鲜甜，茶汤绵滑，品质独特优异。产品曾获第十届"中茶杯"一等奖、武阳春雨系列茶评比金奖等奖项。2021

年公司年产乡雨红茶 2 500kg，产值约 300 万元。

（何红美）

（七）宗山红茶（图 8-66）

宗山红茶是由浙江玉古文化发展有限公司联合中国农业科学院茶叶研究所、浙江大学茶叶研究所、专家工作站的力量研制的古树红茶。鲜叶原料来自 13 个省 97 个县市的古茶树，混合配制加工，在红茶常规工艺上增加两道高新技术，烘焙多次，再成品出厂。其外形紧细乌黑带金毫，香气清新、果香持久，滋味鲜甜润喉、甘爽醇厚，汤色琥珀金黄色，壁中带金圈，具有经久耐泡、色香味形独特的特点。目前年加工产量 1 800kg，产值约 400 万元。

（陈雨芬）

图 8-66 宗山红茶

（八）磐安"古茶村红茶"（图 8-67）

磐安"古茶村红茶"产于金华市磐安县玉峰村，由浙江省磐安县玉峰茶厂于 2010 年开始制作。磐安"古茶村红茶"原料来自磐安县内海拔 500 ～ 1 000 米的绿色茶园基地，主要采用群体种，按照萎凋 - 揉捻 - 发酵 - 初烘 - 摊凉 - 复烘 - 分筛 - 复烘 - 色选精制工艺生产。成品色泽乌黑油润显毫，汤色红艳明亮，滋味鲜醇、回甘、润滑，叶底多芽嫩软、经久耐泡。2021 年公司年产红茶 15t，产值 400 万元。

（孔中明）

图 8-67　磐安"古茶村红茶"

（九）大鹏红日红茶（图 8-68）

大鹏红日红茶产于金华市磐安县，由浙江万泰元茶业有限公司于 2012 开始制作。大鹏红日红茶原料来自海拔 800～1 000m 的大盘山脉五公山上，主要为群体种，按照萎凋－揉捻－发酵－初烘－摊凉－复烘－分筛－复烘－风选工艺生产，其中烘焙使用炭烘焙。成品色泽乌黑油润，汤色红艳透亮，滋味醇、回甘、润，叶底肥软，经久耐泡。2021 年公司年产红茶 1 000kg，产值200 万元。

（陈文明）

图 8-68　大鹏红日红茶

（十）清连香工夫红茶（图 8-69）

清连香工夫红茶产于浙江省金华市磐安县，由浙江清连香茶业有限公司于2011 年开始制作。清连香工夫红茶原料来自海拔 600m 以上的磐安生态茶园，主要品种为群体种，按照萎凋 – 揉捻 – 发酵 – 初烘 – 摊凉 – 复烘 – 分筛 – 复烘 –风选工艺生产，其中烘焙使用炭烘焙。成品微卷，乌黑带光泽，汤色红艳透亮，滋味醇、回甘甜，经久耐泡。2021 年公司年产红茶 4 000kg，产值 300 多万元。

（袁金城）

图 8-69　清连香工夫红茶

七、衢州市

（一）钱江源开门红（图 8-70）

钱江源开门红产于钱江源头、首个中国生态茶之乡——衢州市开化县。开门红创制于 2012 年，产地分布在海拔 600m 以上的生态茶园，选用一芽一叶至一芽二叶初展的群体种鲜叶，在传统工夫红茶加工工艺基础上，采用综合萎凋、变温发酵等创新工艺制成。外形细紧卷曲，色泽乌黑油润；香气馥郁，富含百花香、蜜香，带野茶独有的山韵；滋味鲜嫩甜醇，耐冲泡；汤色橙红明亮，带金圈；叶底软嫩成朵匀齐红亮。开门红连续五届入围世界互联网大会指定接待用茶。2020 年，开门红匠人李群勇在全国茶叶加工（精制）职业技能大赛上取得红茶加工全国个人第一名，促进了"钱江源开门红"工夫红茶的快速发展。2021 年开化县红茶产量 650t，年产值达 3.68 亿元。

（方辉韩）

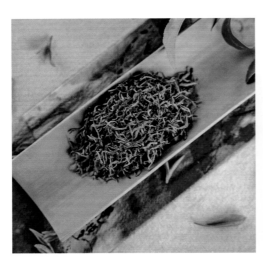

图 8-70　钱江源开门红

（二）龙游红（图 8-71）

龙游红红茶基地位于龙游县南部山区，面积 200 多亩，周边植被繁茂，竹林连绵，森林覆盖率在 71% 以上，茶园土壤肥沃，有机质含量丰富，优越的地理气候和精湛的加工工艺孕育出红茶珍品。龙游红红茶以一芽一叶为主，其外形细紧卷曲，色泽乌润，金毫显露，汤色红艳明亮，香气高鲜有花香，滋味醇厚鲜爽，叶底均匀红亮。"龙游红"牌红茶荣获 2013 年、2015 年及 2016 年"浙茶杯"红茶评比金奖、2014—2016 年连续 3 年荣获绿茶博览会金奖，2023 年获得浙江绿茶（兰州）博览会金奖。

（吴洪刚）

图 8-71　龙游红

（三）江山万年红（图 8-72）

"江山万年红"是由江山市十罗洋茶场与浙江农林大学合作研发，在传统红茶工艺基础上，采用创新工艺制作而成的全新花香型红茶。出产于浙、闽、赣三省交界处的江山市张村乡"双溪口茶叶精品园"基地，产区海拔千余米，周围 2 000 多 km² 内均为天然混交林，峰峦叠嶂，溪流淙淙，常年云雾缭绕，风清气润，远离污染。由于其优越的自然环境与精湛的加工工艺，形成了产品独特的品质特征：外形条索紧结、色泽乌润且略带金毫，汤色金黄清澈，香气馥郁持久，滋味浓厚鲜爽、回味甘甜，叶底红匀嫩亮，耐冲泡、耐贮藏，实属茶中佳品。

（毛小伟、廖松柏）

图 8-72　江山万年红

（四）吴公山红茶（图 8-73）

吴公山红茶是江山市特色种植业技术推广中心和江山市吴公山茶场共同研发的一款花果香条形红茶。吴公山红茶产于坐落在国家 5A 级风景区——江郎山脚下长台镇的吴公山茶园，地势自然，高低起伏，常年云雾缭绕，湿度适宜，土为砾壤，周边植被丰富，特别是茶园在枇杷林中。鲜叶原料采用一芽一叶至一芽两叶，在传统红茶制茶工艺的基础上结合荡青的工艺，让茶叶中的多酚类物质进一步充分氧化，做到完美的结合。干茶金毫显露、条形紧索、花果香明显、沁人心脾。汤色金黄明亮，滋味鲜爽甜醇，香气馥郁。

（毛小伟、杨子建）

图 8-73 吴公山红茶

（五）冷山美人（图 8-74）

冷山美人由浙江茗正堂生态农业发展有限公司生产，公司位于衢州市衢江区岭洋乡白岩村，租用了龙泉、遂昌、江山等地常绿经济林覆盖的 4 600 多亩百年老丛茶树。冷山美人用老丛茶树春茶原料制成，具有花香、苔香、丛香、木香等多种混合香型，色泽乌润，条形恣意，汤色红亮剔透，口感绵柔甘甜，极具层次感，每一口都将品尝到山野林间的大自然气息。目前最大年产量可达 7 ～ 8t，是国内百年老丛红茶生产量最大的茶企。

（王海富）

图 8-74　冷山美人

八、舟山市

（一）观音红（图 8-75）

观音红红茶产于我国四大佛教名山之一的浙江省普陀山，普陀山相传为观音菩萨应化的道场，故命名此茶为"观音红"。

明万历四十二年春，隐元（1592—1673 年），俗姓林，名隆琦，字曾昺，号子房，福建省福清市人，在寻父途中，乘舟前往舟山列岛中的普陀山。普陀山观音道场的庄严肃穆，佛教圣地殊异于俗世间的一切，使二十三岁的隐元俗念顿消，进而有了心愿，便投身到潮音洞主身边，做了一个茶头，每日在佛前殿后为僧众提供茶水。世界上最早的红茶由中国福建武夷山茶区的茶农发明，福建人多数爱喝红茶。隐元用日光萎凋制作红茶，用于待客。此后，普陀山各大寺院的福建籍居士及僧人陆续制作红茶，逐渐形成传统技艺。

如今，舟山市普陀山海天佛茶有限公司经多年来研究普陀山红茶的历史文献和民间制茶工艺，精选位于海拔 300m 左右普陀山佛顶山茶园一芽一叶或一芽二叶的茶鲜叶，集萃普陀山高僧大德智慧及传统工艺，于 2013 年 8 月研制成普陀山珍品红茶—观音红。

观音红外形卷曲细紧显锋苗，略带金毫，色泽乌黑油润，汤色红艳明亮，带金圈，香气浓郁，滋味浓醇回甘，常饮使人气和心润、神清意净，通智达慧。2013—2015 年"洛迦山"牌观音红红茶连续两年获"浙茶杯"红茶评比优质奖；2018 年获舟山市十佳好茶；2019 年获非物质遗产生产性示范保护基地，2023 年获舟山市非物质文化工坊、舟山市非物质文化体验点。

（余玲静）

图 8-75　观音红

（二）桃花红（图 8-76）

舟山大立有机食品有限公司创制的桃花红红茶采用有机茶基地的鲜叶（群体种）为原料加工而成，工艺流程为：鲜叶萎凋 - 揉捻 - 发酵 - 初烘 - 摊凉 - 复烘 - 分筛 - 入库。桃花红红茶外形条索紧细、略卷曲显毫，色泽乌润，汤色橙红明亮，有金圈，香气甜香馥郁，滋味醇厚回甘润喉，叶底匀整红艳成朵。桃花红荣获 2018 年浙江省农博会优质产品奖。

图 8-76　桃花红

（余玲静）

九、台州市

（一）天台山红茶（图 8-77）

天台县是全国重点产茶县、中国茶文化之乡和中国名茶之乡，产茶历史悠久，文化底蕴深厚。2009 年以来，天台县逐步开始规模生产红茶，其中以主峰石梁华顶核心区的产品最为突出，故名"天台山红茶"。2010 年在浙江大学茶学系支持下，天台山红茶工艺得到完善，在首届"国饮杯"红茶类评比中斩获一等奖。2012 年后，天台山红茶迅速发展，天台县政府又与中国农业科学院茶叶研究所等科研单位建立良好的合作关系，不断优化工艺，在全县各主产乡镇实现了规模生产，涌现出了"正明红""天一红""华顶红""济公佛茶"等诸多红茶品牌企业。天台山红茶以海拔400m以上高山中小叶种为原料，采用工夫红茶工艺，经摊青、萎凋、轻摇、揉捻、发酵、干燥、提香等工序精制而成，外形细紧乌黑油润，香气清幽隽永，滋味甘甜醇厚，汤色红艳明亮，具显著的高山名茶品质。天台县从2013年至今连续参评"浙茶杯"优质红茶评比，先后荣获"浙江名红茶"1个，金奖10多项。截至2022年，全县红茶总产量360t，产值达1.2亿元。

（金鑫）

图8-77　天台山红茶

（二）珍贡稀工夫红茶（图8-78）

珍贡稀工夫红茶由黄岩区的浙江照远生态农业开发有限公司于2022年创制。珍贡稀工夫红茶主要采用'白叶1号'品种，经过近2年的不断研发，按

照萎凋-揉捻-发酵-初烘-复烘工艺生产。其品质特征为外形紧细乌润，汤色红艳，香气纯和，滋味鲜甜，叶底红亮、条理分明。产品发挥了其白化茶鲜叶鲜嫩、氨基酸含量高的优点，深受广大茶友们的喜爱！产品曾获"台九鲜"杯2022台州市优质名茶评选优质奖（红茶组）。2021年产量1 500kg，产值120万元。

图8-78　珍贡稀工夫红茶

（王文平）

（三）绿壳红（图 8-79）

绿壳红红茶产于临海市东塍镇桐坑村，是由台州市桐坑茶业有限公司于 2012 年研制的小叶种工夫红茶。

绿壳红主要采用群体种、中茶 108 等品种按照萎凋 - 揉捻 - 发酵 - 烘干工艺制成。外形条索紧细，金毫披被；汤色橙黄明亮似琥珀；香气高扬，花果香明显；滋味醇厚；叶底红亮、多芽。绿壳红茶现属临海非物质文化技艺，于 2021 年被评为"浙江名红茶"称号。先后荣获"中茶杯"金奖 1 次；"浙茶杯"金奖 3 次；浙江绿茶博览会名茶评比金奖 1 次；"国际名茶"佳茗大奖 1 次，金奖 1 次；亚太茶茗大奖金奖 1 次、国际鼎承茶王赛金奖 1 次；台州市优质名茶评选红茶组金奖 5 次。2019 年，原台州市委书记陈奕君在出国考察时，将"绿壳红"红茶作为台州特色茶礼赠予以色列耶路撒冷市市长摩西·莱昂。2021 年，绿壳红茶年产量 3 000kg，年产值 380 多万元。

（尹海燕）

图 8-79　绿壳红

（四）括苍工夫红茶（图 8-80）

括苍工夫红茶产于浙江省台州市正叶堂茶业有限公司，由公司创始人程正恩于 2016 年创制。括苍工夫红茶主要采用兰田藤茶、鸠坑等品种，在现代红茶加工工艺基础上融合绿茶、青茶、黄茶的部分工艺加工而成。括苍工夫红茶风味特点同时具备绿茶的"鲜"、青茶的"香"、黄茶的"甜爽"，其品质特征为外形色泽乌润，条索细紧多锋苗、匀净；汤色橙红明亮，香气兰香馥郁，滋味鲜、甜、爽、活，茶韵明显，叶底手捻柔软有弹性，细嫩显芽色如古铜。2021 年公司年产括苍工夫红茶 1 000kg，产值约 700 万元。

（程正恩）

图 8-80　括苍工夫红茶

（五）羊岩红茶（图 8-81）

羊岩红茶产自浙江省台州市临海市羊岩茶厂，由临海市羊岩茶厂于 2012 年创制。羊岩红茶主要采用福鼎大白茶、迎霜、鹅黄等品种，按照萎凋－揉捻－发酵－初烘－摊凉－复烘－提香－整理工艺生产。其品质特征为外形匀曲、细紧、多锋苗，色泽乌黑油润；汤色红艳明亮；略有花果香；滋味浓爽鲜醇；叶底深红匀亮。

（朱朝安）

图 8-81　羊岩红茶

（六）邋拾红茶（图 8-82）

邋拾红茶产于浙江省临海市有着"清雅河头，福源茶乡"美誉的河头镇，由云拾（台州）茶叶有限公司临海邋拾茶厂于 2020 年创制。邋拾红茶主要采用群体种、白叶 1 号等品种，按照萎凋 - 揉捻 - 解块 - 复揉 - 发酵 - 初烘 - 复烘 - 分筛 - 风选工艺生产。其品质特征为外形细紧卷曲、显金毫；香气鲜纯、嫩甜香；汤色橙红明亮；滋味鲜醇回甘；叶底嫩芽均齐完整、橙红明亮。产品曾获 2022 年"台九鲜"杯台州市优质名茶评选优质奖（红茶组）。2021 年公司年产邋拾红茶 1 000kg，产值约 90 万元。

（赵正利、邱晓莹）

图 8-82　邋拾红茶

（七）方山云雾红茶（图 8-83）

方山云雾红茶产于浙江省温岭市大溪镇方山云雾茶场内，由台州市方山云雾茶业开发有限公司于 2017 年创制。方山云雾红茶主要采用乌牛早、金牡丹等品种按照萎凋 – 揉捻 – 发酵 – 烘干工艺生产。其品质特征为外形条索细秀、匀整乌润、略卷曲；汤色红艳明亮；香气高鲜，略有红枣香，滋味甘醇。产品曾获 2021 年"浙茶杯"优质红茶推选活动银奖，2021 年第六届台州市优质名茶评选金奖（红茶组）。2021 年公司年产方山云雾 1 500kg，产值约 150 万元。

（黄智）

图 8-83　方山云雾红茶

（八）天送红茶（图 8-84）

天送红茶由浙江省温岭市新河御尚茶坊生产，原料选用福鼎大毫品种，经过萎凋 – 揉捻 – 发酵 – 烘焙 – 复烘等工序加工而成。其品质特征为外形卷曲紧实显金毫；汤色红艳、清澈明亮；香气高鲜，有花果香；滋味甘醇香甜、口感顺滑绵纯；叶底匀齐红艳成朵。产品荣获 2022 年台州市优质名茶评选红茶组金奖。2021 年产红茶 1 500kg，产值 180 万元。

（江仙波）

图 8-84　天送红茶

（九）仰天湖红茶（图 8-85）

仰天湖红茶产于浙江省台州市温岭市仰天湖茶场，由温岭市仰天湖茶叶有限公司于 2015 年创制。仰天湖红茶主要采用毛蟹和福鼎大毫茶品种，按照萎凋 - 揉捻 - 发酵 - 初烘 - 摊凉 - 复烘 - 分装工艺生产。产品特征为外形条索紧实、匀整乌润、卷曲多毫，汤色明亮，香气鲜甜，滋味鲜爽，叶底红匀。产品连续多年获台州市优质名茶评选红茶组金奖、中国义乌国际森林产品博览会金奖。2021 年公司生产红茶 200kg，产值 30 万元。

（叶吉云）

图 8-85　仰天湖红茶

（十）玉环火山红茶（图 8-86）

玉环火山红茶是浙江龙额火山茶业有限公司于 2008 年依托中国茶叶学会、中国农业科学院茶叶研究所和浙江大学技术力量所创制，茶叶因产于玉环市大麦屿街道火山口遗址周边而得名。玉环火山茶传统制作技艺为台州市第七批非物质文化遗产项目，玉环火山红茶以一芽一叶初展至一芽一叶为采摘标准，在玉环火山茶非遗传统技艺基础上改良精制而成，经萎凋、揉捻、发酵、整形、烘焙、提香制成。其品质特征为外形细卷如眉、色泽乌黑油润，芽尖金黄，汤色澄明透亮，香气鲜甜清纯，滋味醇和甘爽，叶底红匀明亮。产品曾于 2017 年入选中国茶叶博物馆作著茶展示、荣获 2021 年中国茶叶博物馆年度好茶、连续多届浙江农博会金奖，享有"西湖出龙井、东海跃龙额"的东海明珠之美称。2021 年，玉环火山红茶基地面积 700 亩，年产量 3 150kg，产值 760 万元。

（林招水）

图 8-86　玉环火山红茶

（十一）仙青红（图 8-87）

仙青红产于仙居县，是由由仙居县茶叶实业有限公司生产。经萎凋 - 揉捻 - 发酵 - 烘焙 - 干燥工艺制成，其品质特征为外形成条形美观，紧结纤细，茶毫显露；汤色红润透亮；滋味醇厚回味甘甜；香气浓厚、具有浓厚的果香或花香，叶底舒展、秀挺鲜活。产品曾获 2021 "浙茶杯" 优质红茶、2021 年 "华茗杯" 金奖等荣誉。2021 年销售额为 640 万元。

（王伟斌）

图 8-87　仙青红

（十二）仙子红茶（图 8-88）

仙子红茶产自浙江省台州市三门县太师峰生态茶园，由三门绿毫茶叶专业合作社于 2010 年精心制作而成。以一芽一叶、一芽二叶鲜叶为原料，经萎调、揉捻、发酵、干燥等工艺加工而成。其品质特征为外形条索细紧显毫、色泽乌润，汤色红艳明亮，滋味鲜甜爽口，香气高长，带有浓郁的花果香，叶底细嫩匀齐、红艳明亮。产品曾荣获 2012 年第二届"国饮杯"全国名优茶评比一等奖、2014 年第十届国际茶叶博览会金奖、2013-2016 年"浙茶杯"红茶评比金奖、2018-2020 年"浙茶杯"红茶评比金奖、2022 年"浙茶杯"第一名；于 2018 年荣获"浙江名红茶"荣誉称号。2021 年公司年产仙子红茶1 250kg，产值 350 万元。

（胡文娇）

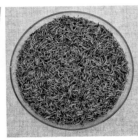

图 8-88 仙子红茶

十、丽水市

（一）龙泉红（图 8-89）

龙泉红产自龙泉凤阳山北麓，为龙泉市红茶区域公用品牌。龙泉红红茶外形条索紧实，色泽乌润，汤色橙黄明亮，花果香、蜜香明显，滋味甘滑鲜爽，具有"香、活、甘、醇"之特色。

主要产品有品种红茶、花香型红茶、野生红茶。品种红茶由福建引进的金观音、金牡丹、黄观音等茶树品种为原料，通过萎调－揉捻－发酵－干燥－提香工艺制成。花香型红茶由福建引进的金观音、金牡丹、黄观音等茶树品种为原料，结合乌龙茶加工工艺制成。野生红茶由长期失管的处于荒芜、半荒芜状态的鸠坑群体种茶园或田边地角零星分散的及深山野林中的老品种茶树的鲜叶为原料，通过萎凋－揉捻－发酵－干燥－提香工艺制成。2023年龙泉红基地面积6.7万亩，红茶产量1790t，产值3.3亿元。

（刘善红）

图8-89　龙泉红茶

（二）莲都红（图8-90）

莲都红产于莲都区仙渡乡大姆山，由浙江梅峰茶业有限公司于2010年创制。莲都红每年产于3-4月，经摊青－萎凋－揉捻－发酵－干燥工艺制成，外形紧结卷曲、多毫鲜绿，汤色红亮透明，香气高锐，浓烈持久，滋味甜爽、醇正，叶底色泽新鲜明亮。2021年莲都红生产面积1800亩，产量93t，产值1300多万元，主销杭州、上海、天津、北京、东北等地。

（廖彬慧）

图8-90　莲都红

（三）庆元百山红茶（图8-91）

庆元百山红茶产于庆元县百山祖国家公园核心区、浙江第二高峰百山祖

山麓一带，因此得名"庆元百山红茶"，由浙江百山茶业有限公司于2007年创制。庆元百山红茶以鸠坑种一芽一叶至一芽二叶初展鲜叶为原料，经萎凋－揉捻－发酵－烘干等工艺制作而成，具有细秀显芽、乌润匀整、红亮清澈、甜香细腻、鲜醇甜润等独特的品质特征。曾荣获上海世博会金奖，入选北京冬奥会、国际旅游博览会指定用茶等荣誉。2021年，庆元百山红茶基地面积2 100亩，产量达12.6t，产值410万元，产品主销北京、南京、杭州、东北等地。

（王声淼、叶大华）

图8-91　庆元百山红茶

（四）举水红茶（图8-92）

举水红茶产自庆元县举水乡。民国时期，庆元举水生产的"银屏红茶"，年产达数千担，因品质极佳，一度畅销福州、香港及东南亚诸国。2010年，由金奖红茶加工技艺的传承人、庆元县举水云屏农产品专业合作社理事长吴树荣以来自海拔1 450米的本地群体种创制。以本地群体种一芽一至三叶鲜叶为原料，经萎凋－揉捻－发酵－烘干等工艺制作而成，举水红茶汤色红艳明亮，滋味甘鲜醇厚，香气馥郁，乃红茶中的上品。2013 年荣获"浙茶杯"红茶评比"优胜奖"。2021 年，举水红茶基地面积 1 180 亩，产量 13t，产值 260 万元。

（马军辉、王声淼）

图 8-92 举水红茶

（五）龙溪红茶（百年老枞）（图 8-93）

龙溪红茶（百年老枞）产自庆元县，由庆元藏韵农业科技有限公司在中国农业科学院茶叶研究所专家的指导下，通过传统制茶工艺精制而成。其鲜叶原料来自海拔 1 200 多米以上深山老林里的百年茶树，经萎凋 - 揉捻 - 发酵 - 初烘做形 - 烘干等工艺制作而成，其汤色鲜亮，滋味醇厚、层次感强烈，香气浓郁、显花香，耐泡度持久，被茶界称为"野味十足、品味霸道"的茶中极品。龙溪红茶荣获 2015 年"浙茶杯"金奖、第十届浙江绿茶博览会名茶评比金奖。2021 年，龙溪红茶基地面积 268 亩，产量 2.7t，产值 1 080 万元。

（王声淼、吴远付）

图 8-93 龙溪红茶（百年老枞）

（六）贡珠红茶（图 8-94）

贡珠红茶是缙云县黄贡茶业有限公司在中国农业科学院茶叶研究所李强教授和县农业局高级农艺师胡惜丽等专家的指导下，开发出国内市场少见的"珠螺"形优质红茶。贡珠红茶以一芽二叶到三、四叶鲜叶为原料，经萎凋－揉捻－发酵－初烘做形－烘干等工艺制作而成，具有外形油润显毫、圆结紧实、汤色红艳明亮、香气甜果香馥郁持久、浓强甘醇并持久耐泡、叶底完整等特点。2014 年在世界茶联合会组织的第十届"国际名茶"评比中一举获得金奖。2021 年，贡珠红茶生产基地 5 000 亩，年产量 8.6t，产值 900 万元。

（陈建兴）

图 8-94　贡珠红茶

（七）仙都黄贡（图 8-95）

仙都黄贡是产于缙云县的红茶。2011 年，通过中国农业科学院茶叶研究所白堃元、李强等著名教授与缙云县农业局高级农艺师胡惜丽、杨广谊等经多年来的反复实验，结合现代制作工艺流程，开发了"仙都黄贡"高山云雾红茶。仙都黄贡红茶系用当地群体良种芽叶，经萎凋、揉捻、发酵、初烘、复烘、提香等工艺制成，外形油润显毫、圆结紧实、汤色红艳明亮、香气甜果香馥郁持久、浓强甘醇并持久耐泡、叶底完整鲜亮，极具高山茶之特色。2013 年荣获浙江省"浙茶杯"首届红茶评比金奖；同年，荣获第十届"浙茶杯"全国名茶评比一等奖、2014 年第十届"国际名茶"评比金奖。2021 年，仙都黄贡生产基地 5 000 亩，年产量 5t，产值 600 万元。产品主要销往上海、江苏、广东、山东、北京等地。

（陈建兴）

图 8-95 仙都黄贡

（八）珍华红（图 8-96）

珍华红产于遂昌大柘一带，是 2010 年浙江省遂昌县永安茶叶专业合作社创制的红茶，由珍华红甜花香、荔枝香、老树红茶等产品组成。珍华红品种以金萱、土茶、迎霜、池边 3 号、龙井 43 号为主，以摊青、萎凋、揉捻、发酵、烘干制成。珍华红老树红茶条索肥壮，色泽乌润，冲水后汤色艳红，经久耐泡，滋味甘醇，花香馥郁，叶底明亮；珍华红甜花香采用特有的甜花香型工夫红茶工艺制作而成，条索紧结纤细，黑金相间，汤色金黄明亮，甜香花香馥郁，顺滑甘甜。2022 年，珍华红生产面积 800 亩，年产量 5t，产值 180 万元，主销浙江、上海、福建、广州、山东、哈尔滨等地。

（雷永宏、华慧荟）

图 8-96 珍华红

（九）惠明红茶（图 8-97）

惠明红茶产于浙江省景宁畲族自治县境内，创制于 2010 年。惠明红茶主要采用惠明群体种、景白 1 号、景白 2 号等品种，按照萎凋 – 揉捻 – 发酵 – 初烘 – 复烘 – 摊凉 – 回潮 – 提香工艺生产。其品质特征为条索紧细卷曲、色泽乌润，汤色橙黄明亮，香气馥郁有甜香，滋味鲜醇回甘。产品曾获"中茶杯"一等奖、"浙茶杯"金奖、上海国际茶博会金奖，惠明红茶因连续 3 年获评"浙茶杯"金奖，而于 2019 年获"浙江名红茶"称号。2022 年景宁县惠明红茶年产量 315t，产值 9 450 万元。

（潘慕华）

图 8-97　惠明红茶

（十）荒野丽歌（图 8-98）

丽水市生态环境优越，千米以上山峰林立，群山众岭间许多自然生长的茶树，因山高路远无人管理逐渐荒野化，遂成野放茶，有些树龄达百年以上。荒野丽歌红茶以这些野生茶树鲜叶为原料生产，"枞味"明显，个性独特。干茶乌润成条，兰香馥郁，经久耐泡，杯香恒长，滋味醇厚，回味无穷。2022 年，荒野丽歌生产面积 1 500 余亩，年产量 3.5t，产值 950 万元。

（叶建军）

图 8-98　荒野丽歌

（十一）九山·伴水（图 8-99）

九山·伴水分别产于丽水的龙泉市和庆元县，是丽水市新农垦农业科技有限公司于 2022 年创制的两款红茶产品。其中"九山"选用龙泉凤阳山上海拔 1 248m 的百年野茶为原料，"伴水"选用庆元百山祖东部高山海拔 1 100m 树龄 70 年以上的荒野茶为原料，经萎凋 - 揉捻 - 解块 - 发酵 - 干燥 - 存放 - 提香等工艺制成。"九山"外形乌润肥硕，内质花香浓郁，优雅持久，滋味甘醇，经久耐泡，野性十足；"伴水"外形条索紧实，色泽乌润，汤色橙黄明亮，枞味十足，口齿留香，叶底鲜活。产品于 2022 年中国·丽水首届"三茶统筹 助力共富"活动暨丽水荒野茶发布仪式进行发布。2022 年九山·伴水生产面积 500 亩，年产量 2t，产值的 500 万元。

（刘翔）

图 8-99 九山·伴水

（十二）松阳红茶（图 8-100）

松阳红茶产于浙江省松阳县境内，是浙江省十大名茶——松阳银猴系列茶之一，创制于 2008 年。松阳红茶依托松阳得天独厚的生态环境，采用当地群体种、银猴种、龙井 43、白叶 1 号等茶树品种鲜叶，按照"萎调→揉捻→发酵→初烘→摊凉回潮→复烘→色选整理"工艺生产。其品质特征为外形条索细紧弯曲，匀整显锋苗，色泽乌润；汤色橙红似琥珀；香气馥郁，显甜香花香；滋味鲜醇回甘，温润顺滑；叶底红亮匀整。松阳红茶多次在"浙茶杯"红茶评比中获金奖。2022 年松阳红茶产量 1 355 吨，产值 3.2 亿元。

（叶火香、钱园凤）

图 8-100　松阳红茶

（十三）浙派红茶（图 8-101）

浙派红茶产于世界侨乡青田县，由青田浙派红茶业有限公司出品。浙派红茶始于清代乾隆 26 年（公元 1761 年），有着 262 年的红茶工艺传承历史，同时也是青田县第七批非物质文化遗产。浙派红茶选用海拔 1 000m 的高山群体种鲜叶制作而成，外形条索紧细，乌润显金毫。内质花果香显，馥郁持久，汤色金黄明亮。该茶 2021 年获得第 13 届国际名茶评比金奖、2022 年第 15 届国际森林博览会金奖等荣誉。2022 年生产面积 280 亩，年产量 2.5t，产值约 200 万元，目前销往欧美等 30 多个国家和地区，受到国际友人的广泛认可。

（饶军健、陈辉）

图 8-101　浙派红茶

（十四）夏鸿红茶（图 8-102）

夏鸿红茶产自遂昌县境内的九龙山、白马山和牛头山一带，遂昌县天堂源农产品专业合作社出品。采用自然生长的鸠坑群体、银猴、金牡丹、迎霜等一芽二叶鲜叶，按萎凋、揉捻、发酵、红锅、足干、焙香工序，结合拼配技术精制而成。其条索肥壮紧结、乌润披金毫，汤色金红明亮，甜香、显饴糖香，滋味甜爽，叶底红亮显芽。2013 年以来荣获浙茶杯金奖 2 次；2020-2022 年荣获中茶杯红茶评比金奖 3 次，华茗杯、第二届世界红茶大会、丽水山耕荒野茶评比金奖各 1 次。2020 年在中国茶叶学会开展的全国茶叶品质评价活动中，经专家评定：工艺精湛，品质优异，特色突出，达到五星名茶品质标准。基地 1 200 余亩，2022 年夏鸿红茶产量 8t、产值 650 万元。

（鲍夏鸿、朱彩虹）

图 8-102　夏鸿红茶

附录
浙江红茶记事

清朝同治年间，浙江开始生产红茶，主要产区在温州，简称"温红"。
1915年，"九曲红梅茶"获美国巴拿马太平洋万国博览会金奖。

1951年，浙江省委、省政府决定，在绍兴、嵊县、诸暨等绿茶产区实行
"绿改红"，所产红茶取名"越红"，销往苏联，并成立越红推广大队，组织人
员开展生产。

1955年，"越红工夫"红茶批量生产。

1959年，诸暨县城南乡邱村红茶初制厂杨竞宇同志牵头研制成功红茶土
烘干机。

1978年，浙江红茶产量达1.05万t，历史上红茶产量最高。

1979年，浙江开始恢复与创制发展名优绿茶，红茶产量开始逐年下降。

2006年，浙江红茶产量1 000t左右。

2007年，浙江恢复红茶生产，如杭州市西湖区恢复"九曲红梅"，绍兴市柯桥区恢复"越红"等。

2009 年，浙江各产区尝试推出高档红茶，如绍兴市开发"会稽红"，龙泉推出"龙泉红""金观音红"，庆元百山茶叶公司加工"百山红"等。

2012 年 6 月 30 日，浙江省茶叶产业协会红茶分会在龙泉成立。

2012 年 12 月 22 日，为重塑"九曲红梅茶"新形象，由浙江省茶叶集团股份有限公司为主组建的杭州九曲红梅茶业有限公司成立。

2013 年 3 月，由杭州市西湖区发展九曲红梅茶产业工作领导小组编写的《九曲红梅》（ISBN 978-7-5514-0314-6）由浙江摄影出版社出版。

2013 年 5 月 9 日，为复兴越红工夫茶产业，联合国内知名茶企正山堂茶业，借助其 400 年的制茶技艺，浙江绍兴会稽红茶业有限公司在绍兴成立。

2013 年 6 月 13 日，浙江省供销社、浙江省茶叶产业协会、微茶楼文化发展协会联合举办了首届"浙茶杯"红茶评比，全省共有 133 只红茶参评，共评选出金奖产品 15 个，银奖产品 15 个，优胜奖产品 70 个。

2013 年 6 月 14-15 日，浙江省农业技术推广中心和浙江省茶叶产业协会联合在武义召开全省红茶加工技术培训现场会。省农产品行业协会联席会议秘书处王良仟秘书长、浙江省农业技术推广中心黄国洋主任、吴海平副主任参会。

2014 年 4 月 30 日，九曲红梅茶研究院（茶文化展示馆）在杭州市西湖区开馆，该馆位于九曲红梅茶

主产地双浦镇双灵村，这是浙江省首个红茶文化展示馆。

2014 年 6 月 27-29 日，中国农业科学院茶叶研究所在浙江省衢州市组织召开了"十二五"国家科技支撑计划——"工夫红茶关键加工智能化装备及自动化生产线研制与示范"课题示范生产线现场观摩与技术交流成果展示会，来自全国 14 个省市的茶叶科研、教学、生产等行业的专家代表 300 多人与会并现场观摩了项目科研成果。

2014 年 7 月 7 日，浙江省茶产业技术创新与推广服务团队红茶组（浙农科发〔2014〕17 号）成立，由浙江省农业技术推广中心俞燎远高级农艺师、中国农业科学院茶叶研究所叶阳研究员、浙江大学汤一副教授、浙江农林大学苏祝成副教授、龙泉市农业局周淑兰高级农艺师、淳安县农业局王华建高级农艺师、三门绿毫茶叶专业合用社胡善树董事长、杭州九曲红梅茶业有限公司卢红渭总经理等专家组成，浙江省农业技术推广中心俞燎远高级农艺师任红茶组组长。

2014 年 10 月 24 日，浙江省茶产业创新团队红茶组在松阳县举办红茶标准化加工技术培训班，浙江省农业技术推广中心俞燎远高级农艺师、中国农业科学院茶叶研究所叶阳研究员分别授课。

2014 年 12 月 11–12 日，浙江省茶产业创新团队红茶组第一次会议在安吉召开，会议明确了红茶组五年总体思路和工作计划。浙江省农业技术推广中心黄国洋主任、吴海平副主任、俞燎远组长参会。

2014 年 12 月 18 日，由中国农业科学院茶叶研究所、浙江省农业技术推广中心等单位联合实施的"浙江红茶品质提升关键技术研究"获 2014 年浙江省"三农六方"科技协作计划项目（浙农科发〔2014〕29 号）立项研究。

2015 年 4 月 15 日，浙江省茶产业创新团队红茶组在临海羊岩茶场开展

控温控湿可视新型发酵机工艺试验，浙江省农业技术推广中心俞燎远高级农艺师、中国农业科学院茶叶研究所叶阳研究员、浙江农林大学苏祝成教授等浙江省茶产业创新团队红茶组专家参加。

2015 年 8 月 5 日，第三届"浙茶杯"优质红茶评比揭

晓，三门绿毫茶叶专业合作社的"太师峰"牌仙子红茶等 10 件产品荣获金奖，"太师峰"牌仙子红茶已连续三届蝉联金奖。

2015 年 11 月 3 日，由浙江省农业技术推广中心主持实施的"适制浙江特色红茶的茶树良种筛选与研究"获 2015 年浙江省"三农六方"科技协作计划项目（浙农科发〔2015〕29 号）立项研究。

2016 年 6 月，"越红工夫茶制作技艺"入选诸暨市非物质文化遗产名录。

2016 年 6 月 12–16 日，浙江省茶产业创新团队红茶组俞燎远组长、杭州市农业局经作处邓红宁处长带领杭州市红茶龙头企业负责人一行 40 余人，赴福建武夷山、福安等地考察学习红茶加工技术。

2016 年 8 月 29 日，根据浙农科发〔2016〕17 号文件精神，浙江省茶产业创新团队红茶组在杭州市农业科学院茶叶所实施红茶区域试验站项目，在杭州西湖、淳安、临海、新昌、三门、龙泉、长兴等 7 个县（市、区）实施

第一轮茶产业团队红茶项目，建立红茶生产示范点，熟化集成红茶标准化技术。

2016 年 9 月 4–5 日，G20 峰会在杭州召开，杭州九曲红梅茶业有限公司的九曲红梅茶在获国际金奖百年之际，再次名动中外，入选 G20 会议用茶，在城市阳台茶歇区，为各国贵宾展现浙江红茶的风采。

2016 年 10 月 10 日，浙江省茶产业创新团队红茶组在淳安召开适制红茶品种茶样品鉴会。浙江大学龚淑英教授、中国农业科学院茶叶研究所刘栩副研究员、杭州市农业科学院茶叶所余继忠研究员参加。浙江省茶产业创新团队红茶组俞燎远组长主持会议。

2016 年 11 月 2 日，浙江省茶产业创新团队工作会议在临海召开，全省 200 余名茶叶专业技术人员参加，省茶产业创新团队红茶组的 30 多个品种红茶样品在会场展示。

2017 年 6 月 28 日，由浙江省农合联等单位主办的"浙茶杯"优质红茶评选结果公布，台州市桐坑茶业有

限公司的"绿壳红"牌绿壳红等 10 件产品获得金奖，杭州银泉茶业有限公司的"银泉"牌银泉红茶等 10 件产品获得银奖，龙游吴刚茶叶专业合作社的龙游红等 20 件产品获得优胜奖。

2017 年 11 月 1 日，国家质量监督检验检疫总局，国家标准化管理委员会联合发布《红茶　第二部分：工夫红茶》（GB/T 13738.2–2017）国家标准。

2017 年 11 月 21 日，越红博物馆在绍兴诸暨开馆。该馆占地 1 300m^2，分技术创新、香飘五洲等四个展厅，把越红工夫茶发展历程清晰地反映在博物馆中。

2017 年 12 月 3–5 日，第四届世界互联网大会在浙江乌镇举办。杭州九曲红梅茶业有限公司的"天香"牌九曲红梅入选会议指定用茶。

2017 年 12 月 5 日，浙江省质量技术监督局发布《名优茶评选技术规范》（DB33/T 303–2017）浙江省地方标准，明确了红茶感官审评标准。

2018 年 6 月 15 日，根据浙农科发〔2018〕13 号文件精神，浙江省茶产业创新团队红茶组在丽水市农业科学院茶叶所实施红茶区域试验站项目，在建德、武义、永康、开化、龙游、龙泉、岱山等 7 个县（市）实施第二轮茶产业团队红茶技术示范点项目，熟化集成与示范推广红茶先进技术。

2018 年 8 月 24 日，在 2018 浙江绿茶（银川）博览会上，杭州九曲红梅茶业有限公司的"天香"牌九曲红梅、宁海县望府茶业有限公司的"望府"牌望府金毫（红茶）、浙江绍兴会稽红茶业有限公司的"会稽红"牌会稽红、台州市桐坑茶业有限公司的"绿壳红"牌绿壳红、天台正明茶业有限公司的"龙皇堂"牌天台山云雾茶（红茶）被评为金奖产品。

2018 年 9 月 2-16 日，浙江省农业广播电视学校、浙江省茶产业创新团队红茶组、杭州古三阳茶叶有限公司联合，在龙游翠竹茶厂举办了为期 15 天的浙江省首届红茶制作高级研修班，浙江省农业广播电视学校应华莘校长、浙江省茶产业创新团队红茶组俞燎远组长出席开班式。

2018 年 9 月 21 日，由中国茶叶流通协会举办的首届全国红茶加工制作大赛在广东英德举办，浙江省安吉回道茶业有限公司王平斩获金奖。

2018 年 10 月 24 日，开化县农业局举办红茶提质增效技术培训班，浙江省茶产业创新团队红茶组俞燎远组长讲解红茶加工关键技术和现场指导红茶加工。

2018 年 11 月 7 日，浙江省质量技术监督局发布《工夫红茶加工技术规范》（DB33/T 2164-2018）浙江省地方标准。

2018 年 11 月 26 日，杭州农业教育培训总站在杭州举办"乡村振兴、红茶我行——甜香型名优红茶品质提升培训班"，浙江省茶产业创新团队红茶组俞燎远组长就"红茶在乡村振兴中的作用与加工关键技术"授课。

2018 年 12 月 22-24 日，全国红茶高峰论坛在福建省福安市举办，全国茶叶标准化技术委员会第二届红茶工作组同期成立，浙江省农业技术推广中心俞燎远高级农艺师、浙江绿剑

茶业有限公司马亚平董事长、杭州九曲红梅茶业有限公司包兴伟董事长受聘红茶工作组专家。

2019年3月29日，在中国茶叶流通协会开展的"国茶工匠人物推选－制茶大师"推选活动（中茶协字〔2019〕22号）中，浙江昴山茶叶有限公司徐平被推选为第二批制茶大师（红茶类）。

2019年5月28日，"龙泉红"西湖品鉴会暨区域公用品牌发布会在杭州西湖国宾馆召开，中国国际茶文化研究会周国富会长、孙忠焕常务副会长，中国农业科学院茶叶研究所姜仁华书记、浙江省农业农村厅蔡元杰副厅长等出席。

2019年7月12日，浙江省第二届茶产业技术创新与推广服务团队红茶与黄茶组（浙农科发〔2019〕21号）成立，由浙江省农业技术推广中心俞燎远正高级农艺师任组长，中国农业科学院茶叶研究所袁海波研究员任副组长，浙江经贸职业技术学院张星海教授、温州市农业技术推广中心孙淑娟高级农艺师、武义县经济特产站徐文武推广研究员、龙泉市茶产业发展中心刘善红高级农艺师、建德市农业技术推广中心郝国双高级农艺师、平阳县经济特产站谢前途高级农艺师、遂昌县茶叶技术推广站雷永宏高级农艺师、杭州九曲红梅茶业有限公司卢红渭总经理任专家组成员。

　　2019 年 10 月 22 日，中国茶叶流通协会开展 2019 世界红茶产品质量推选，新昌县雪溪茶业有限公司的雪里红茶、杭州九曲红梅茶业有限公司的"天香"牌九曲红梅获大金奖；宁海县深圳镇岭峰茶场的"明雾"牌明雾红茶、新昌县千屿茶厂的"雪日红"牌红茶、宁波市北仑孟君茶业有限公司的三山玉叶红茶、永康市大寒山老鹰峰茶场的"胡则"牌胡公红茶获金奖。

　　2019 年 11 月 12–13 日，全国茶叶标准化技术委员会红茶工作组二届二次会议在湖南省长沙市召开，浙江省茶产业创新团队红茶组俞燎远组长、浙江绿剑茶业有限公司马亚平董事长等参加。

　　2019 年 11 月 13–17 日，丽水市举办红茶加工（生产）技术提升培训班，浙江省茶产业创新团队红茶组俞燎远组长、中国农业科学院茶叶研究所傅尚文研究员、浙江大学王校常教授分别就红茶生产与加工技术授课。

2019年11月27日，杭州丰凯茶机厂的"工夫（条形）红茶成套加工设备"被浙江省经济和信息厅、浙江省财政厅评定为2020年浙江省装备制造业重点领域首台（套）产品。

　　2020年4月24日，根据浙农科发〔2020〕6号文件精神，浙江省茶产业创新团队红茶组在杭州市农业科学院茶叶所实施红茶区域试验站项目，在遂昌、江山、柯桥、新昌4个县（市、区）实施第三轮茶产业团队红茶技术示范点项目，集成推广红茶适用技术。

　　2020年6月20日，浙江省红茶适制品种品鉴会在丽水市农林科学研究院举办，品鉴会对浙江省66个主推茶树品种加工的红茶进行审评，筛选出了鸠坑早、春雨2号、浙农117等红茶适制良种。

　　2020年8月6日，"龙泉红"杯第四届斗茶赛在龙泉举行，中国农业科学院茶叶研究所鲁成银研究员、张颖彬副研究员，浙江省农业农村厅俞燎远正高级农艺师，丽水市农业农村局潘建义站长，丽水市农科院茶叶所何卫中所长等组成专家评审组，对84只名优红茶、大众红茶和野生红茶进行了评审。

　　2020年8月7日，浙江省茶产业创新团队红茶与黄茶组会议在龙泉金福庄园召开，浙江省茶产业创新团队红茶与黄茶组组长俞燎远正高级农艺师主持，10位红茶与黄茶组专家，丽水市、龙泉市茶叶技术人员20余人参加，浙江省茶产业创新团队红茶专家工作站在龙泉授牌成立。

2020年8月13日，由浙江省农合联等单位主办的第八届"浙茶杯"优质红茶评选颁奖仪式在杭州举行，淳安县鸠坑万岁岭茶叶专业合作社"万岁岭"牌红茶等11件产品获得金奖，其中天台正明茶业有限公司的"龙皇堂"红茶已连续4年获得金奖，并获得"浙江名红茶"称号。

2020年8月19-20日，浙江省农业职业技能大赛红茶加工工竞赛在金华职业技术学院举行，这是浙江省首次举办省级红茶加工工技能竞赛，全省30位红茶加工能手参加比赛，理论考试得分占20%，实际操作得分占80%，遂昌华慧荟获第一名。

2020年9月23日，浙江更香茶业有限公司的"更香"牌武阳工夫红茶成功入选首届浙江特色伴手礼。

　　2020 年 9 月 25-29 日，浙江省农业农村厅组织对参加全国红茶加工工技能大赛的浙江选手集中培训，邀请浙江省茶产业创新团队红茶组组长俞燎远正高级农艺师、中国农业科学院茶叶研究所邓余良高级农艺师在金华市婺江丝雨茶叶专业合作社对 3 位选手进行了为期一周的集中培训。

　　2020 年 10 月 9-11 日，在福建省武夷山举办的 2020 年全国红茶加工工（精制）职业技能大赛上，由遂昌华慧荟、龙泉徐平、开化李群勇组成的浙江代表队荣获技能大赛团体第一，李群勇获个人第一名，华慧荟获个人第三名、徐平获个人第十二名。

　　2020 年 10 月 13 日，"红茶提质增效关键技术集成与示范"农业农

村部重大协同推广项目启动会在遂昌召开，浙江省农业技术推广中心俞燎远正高级农艺师主持会议。启动会交流了各子项目实施方案，参观了遂昌县天堂源农产品专业合作社机采红茶加工现场。

2020年10月22-24日，中国红茶联盟会议在湖北省恩施州利川市举行，研究后疫情时代红茶的发展机遇与挑战，中国国际茶文化研究会学术部陈永昊部长、杭州市茶文化研究会何关新会长、浙江省农业农村厅俞燎远正高级农艺师等参加会议并作交流。

2020年12月8日，新昌县名茶协会组织14家天姥红茶龙头企业，赴杭州市西湖区双浦镇杭州九曲红梅茶业有限公司茶厂，与杭州市西湖区九曲红梅龙头企业研讨红茶提质增效技术。

2020 年 12 月 11 日，浙江红茗茶机成套技术有限公司研发的"智能茶叶摊青萎凋机"通过专家鉴定，该红茶萎凋装备能自动调节萎凋温度、湿度、风速，萎凋均匀度高。

2021 年 3 月 23-24 日，浙江省农业农村厅茶产业创新团队组织专家赴安吉盈元家庭农场和长兴和平瑞茗茶场调研红茶智能萎凋机使用情况。

2021 年 4 月 7-11 日，"红茶提质增效关键技术集成与示范"农业农村部重大协同推广项目"不同香型红茶加工技术研究与应用"子课题在龙泉开展红茶新型加工工艺试验。

2021 年 4 月 24-25 日，中国高品质红茶发展峰会暨中国红茶春季分享会在浙江省开化县举行，全国红茶知名产区代表、知名茶业专家围绕"中国红茶高品质发展之路"主题开展研讨，达成并发布《中国高品质红茶发展开化共识》。

2021年7月1日，"红茶提质增效关键技术集成与示范"农业农村部重大协同推广项目"红茶多产品开发利用技术研究与示范"子课题和"果味红茶加工关键技术研究"第三轮省级茶产业团队区域试验站项目，联合在杭州市农业科学院茶叶所召开冷冻红茶和果味红茶产品审评会。

2021年8月4-9日，浙江省红茶制作高级研修班在杭州市农业科学院茶叶所举办，共有来自全省各地的35名茶叶企业、合作社的技术骨干参加。

2021年9月16日，宁波市农业农村局、宁波茶文化促进会宁举办宁波市第五届红茶产品质量推选活动，评选出宁海县望府茶业有限公司选送的"望府"牌红茶等10个金奖，宁波市鄞州区大岭农业发展有限公司选送的"甬茗大岭"牌红茶等20个银奖。

2021 年 9 月 22-26 日，全省红茶标准化加工技术培训班（浙里红茶班第一期）在龙泉金观音庄园举办，共有来自全省各地的 72 名茶叶专业技术人员参加，浙江省茶产业创新团队红茶组组长俞燎远正高级农艺师、中国农业科学院茶叶研究所叶阳研究员、尹军峰研究员、丽水市农林科学院何卫中研究员为学员授课，培训采用理论教学、现场实操和加工竞赛等方式进行，学员普遍反应这种培训方式学习效果很好，培训收获很大。

2021 年 9 月 27-28 日，浙江农业商贸职业学院举办红茶加工技术研修班，浙江省茶产业创新团队红茶组组长俞燎远正高级农艺师为学员作"红茶品质特征与关键加工技术"讲座和红茶加工实操培训。

2021 年 11 月 29 日，"红茶提质增效关键技术集成与示范"农业农村部重大协同推广项目中期交流会在建德市茶乾坤食品有限公司茶厂召开，浙江省农业技术推广中心俞燎远正高级农艺师主持会议。

2021 年 12 月 3 日，金华市举办红茶品质提升技术培训班，全市各县（市、区）茶叶技术干部和龙头企业负责人参加，培训班讲解了红茶加工关键技术并对全市 37 个红茶样品进行了审评，分析了红茶加工中的优点和不足。

2022 年 4 月 24 日，为应对新冠疫情对绿茶销售市场的影响，浙江省农业农村教育培训总站联合浙农云、云上智农云平台，邀请浙江省农业技术推广中心俞燎远正高级农艺师作"工夫红茶标准化加工技术"讲座，收看人次达 12.16 万。

2022 年 7 月 29 日－8 月 2 日，全省红茶标准化加工技术培训班（浙里红茶班第二期）在临海羊岩茶场举办，共有来自全省各地的 80 名茶叶龙头企业负责人参加，浙江省茶产业创新团队红茶组组长俞燎远正高级农艺师、中华全国供销总社杭州茶叶研究所张士康正高级工程师，全国红茶制茶大赛冠军李群勇为学员授课，培训采用理论教学、现场实操和加工竞赛等方式进行，学员报名踊跃，2小时完成报名。浙江省农业广播电视学校王仲淼校长、浙江省农业技术推广中心厉宝仙副主任出席开班仪式。

2022年9月19-23日，由浙江省农业农村厅、浙江省供销合作社联合社共同主办，浙江农业商贸职业技术学院承办的2022年浙江省高级制茶师（红茶）能力提升农村实用人才培训班圆满举办，培训采用理论授课、现场教学与制茶考核相结合的方式进行，培训班为期5天，来自全省各地的77位学员参加培训，并通过结业考核。

2022年10月11-14日，10月17-20日，浙江茶业学院举办了2期制茶师培训班，共有133名茶业学院的学员参加了培训，培训采用理论教学、现场实操和技能考核相结合的方式进行，邀请浙江省茶产业创新团队红茶组组长俞燎远正高级农艺师、浙江农业商贸职业技术学院胡民强副教授、宁波市农业技术服务推广总站王开荣教授级高级工程师等专家授课，浙江茶业学院周文根院长出席开班式。

2022 年 11 月 5-6 日，宁波城市职业技术学院旅游学院、宁波茶学院 21 级社招班 35 名学生开启了一场"秋日最后一抹红"的福泉山红茶制作实践教学活动，邀请浙江省农业技术推广中心俞燎远正高级农艺师进行红茶加工、审评的理论和实践授课。

2023 年 5-8 月，杭州市、金华市、温州市、衢州市等先后举办全市农业行业职业技能竞赛茶叶加工工（红茶）竞赛，选拔优秀选手参加全省茶叶加工工（红茶）技能竞赛。

2023 年 9 月 4–7 日，2023 "浙茶杯" 优质红茶推选颁奖典礼暨浙江茶业学院开学典礼在开化举办，浙江茶业学院采用理论与实践教学相结合的方式举办了红茶专题培训，同期还召开了浙江省红茶高质量发展交流会，浙江省供销社沈省文副主任、浙江茶业学院周文根院长出席。浙江省有突出贡献专家、浙江省农业技术推广中心俞燎远正高级农艺师为浙江茶业学院学生讲开学第一课。

2023 年 9 月 24–28 日，浙江省农业农村厅组织第六届全国茶业职业技能竞赛（红茶加工工）总决赛选手集训，邀请浙江省茶产业创新团队红茶组组长俞燎远正高级农艺师和 2020–2022 年连续 3 年获全国茶叶加工工竞赛冠军的李群勇、徐杰、石春生 3 位全国技术能手对 4 位浙江选手进行了一周集训。

2023 年 10 月 12–15 日，第六届全国茶业职业技能竞赛（红茶加工工）总决赛在福建武夷山举办，浙江省农业技术推广中心厉宝仙副主任为领队，俞燎远正高级农艺师为技术指导，带队 4 位选手参加竞赛。经过两天理论与实操的激烈角逐，浙江省代表队武义鲍王栋获得冠军和金奖，景宁毛杨鑫、龙游张明获银奖，上虞王嘉巍获铜奖。至此，浙江 2020–2023 年连续 4 年包揽了全国茶叶加工工竞赛冠军，实现 "四连冠"。

参考文献

杭州市西湖区发展九曲红梅茶产业工作领导小组，2013. 九曲红梅. 杭州：浙江摄影出版社.

江用文，袁海波，宁井铭等，2018. 工夫红茶加工技术规范. 北京：中华人民共和国农业农村部.

罗列万等，2021. 浙江名茶图志. 北京：中国农业科学技术出版社.

杨思班，陈元良，2018. 越红工夫茶. 杭州：浙江工商大学出版社.

叶阳，童华荣，董春旺，2016. 工夫红茶加工技术与装备. 重庆：西南师范大学出版社.

俞燎远，2014. 茶叶全程标准化操作手册. 杭州：浙江科学技术出版社.

俞燎远，2020. 浙江红茶产销现状与发展思路浅析. 茶叶. 46（1）：1–3.

俞燎远，邵宗清，张育青等，2017. 基于茶树品种筛选的甜香型红茶适制性研究. 浙江农业科学（11）：2034–2038.

浙江省茶叶产业协会，2014. 正确引导浙江省红茶产业健康有序可持续发展. 中国茶叶（2）：9–10.

后 记

　　2014年，浙江省农业厅成立省茶产业技术创新与推广服务团队红茶组，聘任我为组长。10年来，红茶组在产业发展、试验研究、技术培训与品牌打造等方面做了一些事情，浙江红茶加工水平、产量产值、从业人员与消费群体等迅猛增长。琢磨着以合适的方式记录下来，恰逢2020年主持实施"红茶提质增效关键技术集成与示范"农业部协同攻关项目，在有限的项目经费里预算了红茶专著出版费用，组织项目负责人开始撰写，历经四个春秋，红茶书稿几经修改完善，终成定稿付梓。因2018年组建了"浙里红茶"500人微信群，广大群友对浙里红茶充分认可，故将书名定为《浙里红茶》。

　　书稿内容源于各位著者多年的红茶研究与推广实践，既有红茶适制品种筛选、标准化加工工艺与先进机械装备等理论研究，又有红茶文化、生活茶艺、金奖红茶与衍生产品等科普知识，还有红茶发展历程与浙江红茶记事等节点记载，全篇图文并茂，铜版纸张印刷，易看易学易懂易保存。愿本书能为浙江红茶品质提升、产业振兴与市场拓展发挥些许作用。

　　感谢浙江省农业农村厅王通林厅长在百忙之中欣然为本书作序，给予我莫大鼓励。感谢浙江省农业技术推广中心、丽水市农林科学研究院等单位的大力支持。感谢浙江省茶产业技术创新与推广服务团队红茶组各位专家多年的技术研究与示范推广。感谢各位著者的严谨撰稿与精心审改。感谢包兴伟、杨思班等提供的珍贵照片。

　　因为著者水平有限，书中纰缪恐难避免，恳请广大读者批评指正。

俞燎远

2023年12月